零失败 烤出 好滋味

LINGSHIBAI KAOCHU HAOZIWEI

全能烤箱做美食

蜜糖 / 著

中国妇女出版社

图书在版编目（CIP）数据

零失败烤出好滋味：全能烤箱做美食 / 蜜糖著. —北京：中国妇女出版社，2015.2

（新手下厨房. 第2季）

ISBN 978-7-5127-0972-0

Ⅰ.①零… Ⅱ.①蜜… Ⅲ.①电烤箱—食谱 Ⅳ.①TS972.129.2

中国版本图书馆CIP数据核字（2014）第274124号

零失败烤出好滋味——全能烤箱做美食

作　　者：蜜　糖　著
选题策划：宋　文
责任编辑：宋　文
封面设计：吴晓莉　曾　梅
责任印制：王卫东
出版发行：中国妇女出版社
地　　址：北京东城区史家胡同甲24号　　邮政编码：100010
电　　话：（010）65133160（发行部）　65133161（邮购）
网　　址：www.womenbooks.com.cn
经　　销：各地新华书店
印　　刷：北京楠萍印刷有限公司
开　　本：170×240　1/16
印　　张：12.5
字　　数：120千字
版　　次：2015年2月第1版
印　　次：2015年2月第1次
书　　号：ISBN 978-7-5127-0972-0
定　　价：35.00元

前言

编辑来找我谈“烤箱美食”这个主题的时候，真的有些出乎我的意料！

虽然爱做美食，但是烤箱在我的“烹饪生涯”中并不是个主角，甚至可以说在大部分时间里只是我厨房中的储藏柜。于是，从接到“任务”的那天起，我就开始了我家厨房的“小革命”。

在制作这些美味的过程中，我愈发感受到在崇尚健康饮食的今天，好好利用烤箱是一个必然的趋势！这个夏天，告别油烟，告别挥汗如雨，我实验了各种的食材，经过了百般的尝试。事实证明，小到蛋挞、饼干，大到烤鱼、羊排，烤箱真的无所不能！烤箱真是一个充满魔法的工具，它可以将普通的食材组合成美味的食物。在每一次实验的过程中，我怀着期待，历经了无数次的尝试，总结了各种失败教训，终于找出了给我和我的家人都能带来惊喜的零失败方子！

可以说，这不是一本教科书般的美食书，而是一本从摸索中验证出的美食书！正因为如此，才更适合不会做烤箱美食的新手们！

在这本书中，无论是令人垂涎的烤肉“横菜”、香气满屋的烘焙美味，还是停不了口的休闲小食，全部包含其中，让你能够全方位享受烤箱所带来的美味生活！

在这里，我会与你分享成功做出烤箱美食的秘诀，让你和我一样，从心底爱上这些美味！

那么，你还在等什么？赶紧把食物丢到烤箱里，创造属于自己的惊喜吧！

蜜糖

2014年11月

目录

CONTENTS

Part 1

玩转烤箱

健康、便捷的烤箱美味，
让人食指大动、欲罢不能！
选择适合你的厨具，
进行你家的厨房革命吧！

烤箱的选择

在这本书中，我使用的是 LoyoLa 忠臣 LO-30S 智能电子式烤箱，操作比较方便，省去了很多麻烦。对于烤箱的选择，我希望读者能从以下几方面进行考虑：

★ 好的烤箱做工考究、外形美观，不仅是得力的厨房助手，还可以成为美化厨房的要素。

★ 正规厂商的产品质量过硬，售后服务良好，可为消费者免去后顾之忧。

★ 关于容量，尽量挑选家庭用的大容量烤箱，这样就不必担心烤体积大的食材时不够放了。

★ 功能要齐全。小的机械烤箱虽然操作简单，但是如果进行复杂一些的烤制操作就会很麻烦。如果预算上允许，建议选择烤箱时一次到位，最起码要有独立温控的功能。下面是智能烤箱与普通机械烤箱的功能对比表，以供读者参考。

比较项	LO-30S 智能电子式烤箱	普通机械烤箱
定时	精确到分钟，最长设定8小时，时间更好控制	时间控制很难，有的时候还有不准的情况；如果烤制时间有点儿长的话，还要一次一次地手动重复设置
控温	温度比较恒定；设置多少度就是多少度	温度可能不太准确；温度也不恒定
预热	在预设温度稳定后，会听到蜂鸣声	通过观察加热管的状态来推断预热的程度，根据的是操作者的经验，可能会发生在还没有达到理想温度时就将食材放入烤箱的情况
智能菜单	一键搞定烘焙，对新手来讲非常便利	控制面板上没有菜单，全靠自己摸索
可拆洗	有专利可拆洗结构，超级容易清理	用的时间一长，整个烤箱内部全是无法清理的污垢，特别是容易忽略的顶部
发酵	最低可至30℃，适合发酵面团，甚至可以整夜发酵酸奶	在60℃时基本就失灵了；即便是有发酵功能的机械烤箱，温度往往也会偏高，不仅会把面团发过头，甚至还能把表面烤熟
独立炉灯	炉灯可以独立开关，需要的时候再开，省电多了	进入工作状态后，炉灯常亮

烤箱可以做的事

（以智能烤箱为例）

这张图是我家烤箱控制面板的特写，可以看到，现在的烤箱几乎能够胜任日常操作的所有内容。

这种上、下管自调功能很重要，因为独立温控能够为进阶的烘焙操作提供有力的保障。

不同食物，不同的烘烤温度

（仅供参考，操作视具体食材来定）

★ 高温区：210℃～230℃，一般用于烤肉类食物。

★ 中高温区：180℃～210℃，较常用的温度区域，用于烤面包、海鲜等食物。

★ 中温区：170℃～180℃，用于烤蛋糕、饼干等。

★ 中低温区：150℃～170℃，用于长时间烘烤乳酪蛋糕等。

★ 低温区：40℃～80℃，用于烘干。

30℃～40℃，用于发酵。

常用的工具及调料

★ 西餐常用香料及油脂

迷迭香全叶　欧芹碎

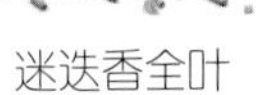

罗勒叶

现磨胡椒碎

橄榄油

★ 中餐常用调料

盐

烧烤料

辣椒粉

孜然

★ 烘焙基本工具

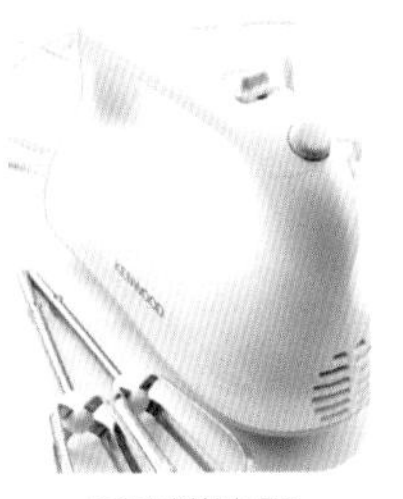
手持搅拌器

电子秤

温度计

烘焙专用模具

粉筛、刮板、搅拌器、刮刀

量杯、量勺和硅胶刷

焗烤类餐具

新手常见问题解析

★ 烤箱难清理怎么办

烤箱一定要及时清理才能保持常新。在烤完食物，烤箱尚有余温且不烫手时清洁最好。如果遇到顽渍，可用小苏打液清洁。

如果要清洁烤盘上的顽渍，可以提前浸泡后再清洗。注意一定不要用钢丝球清洁烤盘，以免损伤涂层后难以恢复。

★ 我怎么总是烤煳食物

每次烤制食物之前一定要先确认上下管温度。

体积较大的食材不能放置在烤箱偏上的位置，这样会因为离发热管太近而使食材被烤焦，应该将食材向下移一点儿，放置在烤箱中间位置即可。

面包、蛋糕表面上色满意后应及时加盖锡纸保护。

为了节约时间，可以将需要上色的食材放入烤箱的中上层，但一定要在旁边观察，不能离开。

另外，有时候虽然是按照菜谱操作，但在食材大小、放入位置、烤箱功率上的差异都会导致成品与菜谱中介绍的不一样，需要自己多摸索。

烤盘里侧的食物上色比较快，在烤制途中视需要将烤盘转换一下方向。

★ 烘烤食物时，怎样才能让食物有光泽

食材表面要想烤得恰到好处就需时常观察表面上色情况。肉类食材要先用锡纸包裹，再进行烤制，烤熟后去掉锡纸，在食材表面涂抹烤肉酱或蜂蜜水上色。烤制面包时，可在食材上方涂抹一层鸡蛋液，烤制出的面包就会有光泽了。

★ 菜谱中的容量标准

液态调料：1勺约为15毫升；1小勺约为5毫升

固态调料：1勺约为15克；1小勺约为5克

Part 2

令人食指大动的烤箱菜和主食

在暖暖的炉灯照射下，
心仪的食物发生着质的改变，
变幻着色泽，
散发着诱人的香味，
无比诱惑的大餐要出炉了！
在这个时候，你心中会无比珍爱这个会变“魔术”的烤箱。

滋味串虾

可爱的食材们

鲜虾…………… 200克
料酒…………… 1勺
橄榄油………… 0.5勺
盐……………… 少许
白胡椒粉……… 适量
烧烤调料……… 适量

跟我慢慢做

❶ 将鲜虾洗净，剪掉虾须，加入盐、白胡椒粉和料酒腌渍入味。

❷ 用竹签子将虾串起来。

❸ 将烤箱提前预热至200℃，将虾烤3～5分钟，变色即可。

❹ 从烤箱取出虾，在其两面薄薄刷上一层橄榄油，并在虾的两面都撒上烧烤调料。

❺ 再次将虾串烤3分钟，关火后用余温将虾烤至熟透即可。

零失败的recipe

★ 一定要选用鲜活的虾，否则滋味会大打折扣。

★ 一定要根据虾的大小、多少来调节烤制时间的长短，总之烤的时间不要过长，以免让虾肉发柴。利用烤箱中的余温将虾烘烤至最终成熟是个不错的办法！

★ 有着浓郁烧烤风味的串虾，搭配啤酒享用最佳！

蒜香烤虾

可爱的食材们

鲜虾…………… 200克
料酒…………… 1勺
蒜末…………… 2勺
味极鲜………… 2勺
鱼露…………… 1勺
白胡椒粉……… 少许
色拉油………… 适量

跟我慢慢做

1. 将鲜虾清洗干净，剪掉虾须，从背部开一刀，去掉虾线。
2. 将白胡椒粉和料酒倒入盛虾的容器，让虾腌渍片刻。
3. 将味极鲜、鱼露以及蒜末倒入另外一个容器，搅拌均匀。
4. 将色拉油烧热后倒入步骤3调好的调味汁中，激出蒜香味。
5. 将调味汁刷在虾身上，蒜末塞到虾背的开口处。在烤盘底层垫上油纸，将虾摆在油纸上。
6. 烤箱提前预热至200℃，将烤盘置于烤箱中层，烤制3～5分钟。
7. 给烤盘中的虾翻个身，再次烤制3～5分钟即可。

零失败的recipe

★ 用热油浇淋调味汁可以很好地激发大蒜的香味。
★ 把虾的背部剖开，可以让虾肉更入味。
★ 注意根据虾的大小和烤箱功率的大小调整烘烤时间，时间不要太长哦！

黑胡椒烤竹节虾

可爱的食材们

新鲜竹节虾…… 260克
盐………………… 0.5小勺
现磨黑胡椒碎… 适量

跟我慢慢做

❶ 将新鲜竹节虾清洗干净，沥水备用。
❷ 在虾上撒盐。
❸ 撒上现磨黑胡椒碎，将容器颠几下，使调味料均匀地裹满虾身。
❹ 将虾放入铺有油纸的烤盘。
❺ 烤箱提前预热至180℃，将虾烤制4 ~ 5分钟后翻一下身再烤2分钟，接着用烤箱余温将虾烤熟即可。

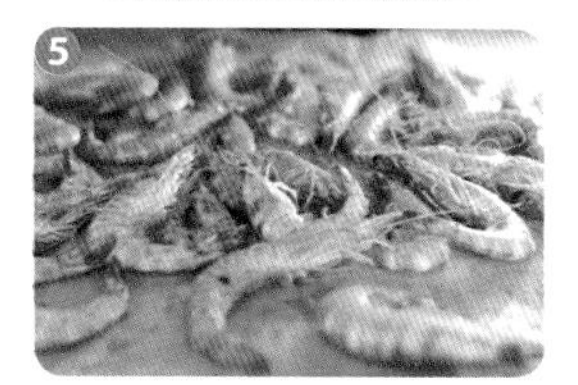

零失败的recipe

★ 一定要用新鲜的竹节虾，烤出的虾肉才能鲜美、弹牙。
★ 如果烤制时间过长，虾肉会发柴。恰到好处的烤制时间会让虾中汁水得到很好的保留，风味才好。烤制时，可根据虾的大小灵活调整时间。
★ 挑虾线时，可以利用牙签进行操作。

烤蛤蜊丝瓜

可爱的食材们

蛤蜊…………… 300克
丝瓜…………… 2根
鲜味酱油……… 1勺
盐……………… 少许
白胡椒粉……… 少许
姜……………… 适量

跟我慢慢做

❶ 将买回来的蛤蜊在盐水中放置半日，让其充分吐净泥沙。烤制之前用手将蛤蜊搓洗干净，沥净水分。

❷ 将丝瓜去皮，切滚刀块；姜切丝。然后全部放入蛤蜊中，并用白胡椒粉、盐、鲜味酱油拌匀。

❸ 在烤盘底部垫上锡纸，将蛤蜊和丝瓜平铺在锡纸上，上面加盖锡纸。

❹ 烤箱提前预热至220℃，将烤盘置于烤箱中层，烤制约15分钟即可。

零失败的recipe

★ 一定要让蛤蜊提前吐净泥沙，否则做出的成品无法食用。

★ 平铺到烤盘中的蛤蜊因受热均匀而容易开口，加盖锡纸是为了避免将蛤蜊肉烤干，所以这一步绝对不能少！

香烤鱿鱼

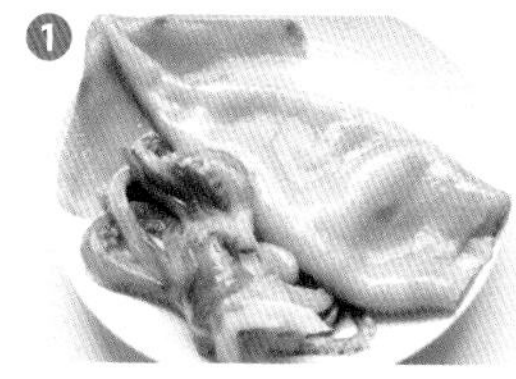

可爱的食材们

鱿鱼…………… 1只
白皮洋葱……… 1/2个
蒜蓉辣酱……… 1勺
韩式辣酱……… 1勺
白胡椒粉……… 少许
盐……………… 适量

跟我慢慢做

1. 将鱿鱼去内脏、筋膜和软骨，清洗干净备用。
2. 将鱿鱼大身切条，鱿鱼须切段，加入盐、白胡椒粉抓匀，腌渍片刻。
3. 在烤盘底部垫上锡纸，铺上切好的白皮洋葱。
4. 将腌好的鱿鱼铺到洋葱上。
5. 烤箱提前预热至220℃，将烤盘置于烤箱中层，表面加盖锡纸，烤制约5分钟，待鱿鱼变色即可取出烤盘。
6. 将烤盘上的锡纸去掉，加入蒜蓉辣酱、韩式辣酱。
7. 将鱿鱼、洋葱与辣酱拌匀，再次置于烤箱中，烤制约4分钟即可。

零失败的 recipe

★ 因为鱿鱼已经切成细条，所以烤制的时间不必过长，否则会影响口感。另外，因为每台烤箱功率不同，烤制时尽量多观察，可根据情况增减时间。

★ 第一遍烤制时加盖锡纸可以防止鱿鱼水分过度流失。

★ 白皮洋葱较易入味，所以在制作过程中选择了这种洋葱，也可根据个人口味进行选择。

香蒜虾夷贝

可爱的食材们

虾夷贝………… 6只
蒜蓉…………… 60克
料酒…………… 少许
白胡椒粉……… 少许
橄榄油………… 适量
蒸鱼豉油……… 适量

跟我慢慢做

❶ 将虾夷贝洗净备用。

❷ 在虾夷贝上加入料酒和白胡椒粉，好去掉腥味。

❸ 将蒜蓉分成两份。锅中倒入橄榄油，将一份蒜蓉放入锅中煸出香味，待其呈金黄色后关火，和另一份蒜蓉混合成金银蒜蓉。

❹ 将金银蒜蓉均匀地放到虾夷贝上。

❺ 烤箱提前预热至200℃，在虾夷贝上小心地淋些蒸鱼豉油，放到置于烤箱中层的烤架上，烤制5 ~ 7分钟即可。

零失败的 recipe

★ 虾夷贝多是冰鲜的，所以要加料酒和白胡椒粉去腥。在扇贝肥美的季节，直接烤扇贝风味更佳哦！

★ 根据虾夷贝的大小和烤箱功率的大小调节烤制的时间，不要过长，否则口感就不好了，而且贝肉缩水也会很严重。

蒜酥贻贝

可爱的食材们

贻贝……………300克
大蒜……………0.5头
面包渣…………50克
欧芹碎…………1勺
橄榄油…………2勺
盐………………适量
黑胡椒碎………适量

跟我慢慢做

❶ 将贻贝清洗干净，水烧开后放入蒸锅蒸2～3分钟，关火后取出。

❷ 保留贻贝带肉的一边，去掉另一边。

❸ 大蒜去皮后压碎，加入面包渣、欧芹碎，充分混合，再加入橄榄油拌匀，用黑胡椒碎和盐调味。

❹ 将贻贝放到铺好锡纸的烤盘中，将蒜酥填入贻贝。

❺ 烤箱提前预热至230℃，将烤盘置于烤箱中层，烤约3分钟，至蒜香味飘出，面包渣呈金黄色即可。

零失败的recipe

★ 因为贻贝还需经过烤制，所以蒸制时间不宜过长，开壳即可。

★ 面包渣和欧芹碎在大型超市进口食材区可以买到。

★ 蒜酥注意不要过咸才好。

盐焗蟹

可爱的食材们

梭子蟹………… 5只
八角…………… 1个
姜片…………… 5片
海盐…………… 1000克
花椒…………… 适量

跟我慢慢做

❶ 将活的梭子蟹清洗后沥水，再用厨房纸充分拭干。

❷ 在锅中倒入海盐，放入姜片、花椒、八角加热，翻炒至盐微微变黄、香料飘出香味为止。

❸ 将步骤2炒好的海盐倒出2/3，锅底留1/3。

❹ 将梭子蟹摆到锅中。

❺ 在梭子蟹上覆盖盛出的盐。

❻ 烤箱提前预热至220℃，连锅一起放入烤箱，焗烤15～20分钟。

零失败的recipe

★ 食材必须充分拭干水分，否则会偏咸。

★ 最好选用肉质肥美的螃蟹来制作这道菜品，否则螃蟹会比较空，身体里的水分会比较多。

★ 可以将锅放在火上直接焗，但由于烤箱的温度控制得比较均匀，焗烤完的食材会更鲜美。

★ 烹饪活螃蟹时很可能会掉腿，解决的办法是入锅前用铁钎子扎在螃蟹的心脏处，将螃蟹宰杀。

香烤平鱼

可爱的食材们

平鱼……………… 4条
料酒……………… 1勺
生抽……………… 2勺
盐………………… 少许
白胡椒粉……… 少许
橄榄油………… 少许
葱段……………… 适量
姜片……………… 适量
辣椒粉………… 适量
孜然粉………… 适量

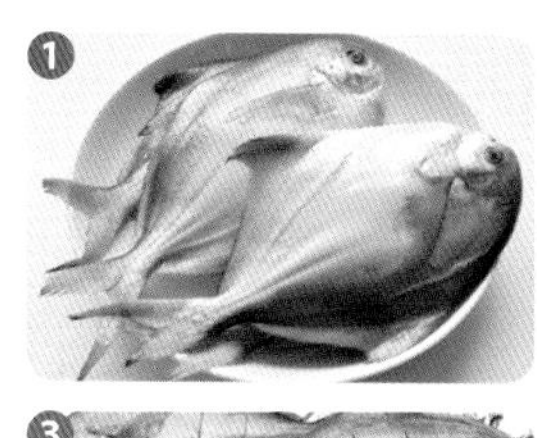

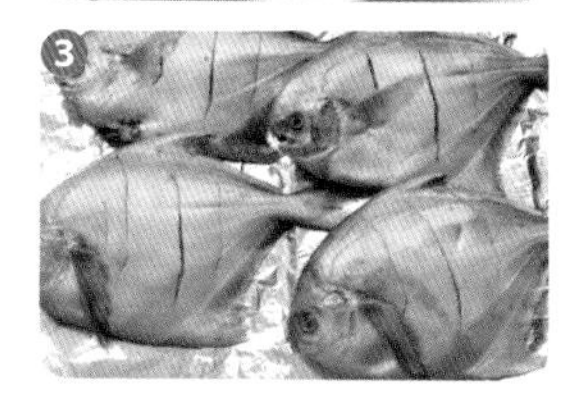

跟我慢慢做

❶ 将平鱼去鳃和内脏后洗净备用。

❷ 将鱼身划上花刀。在碗中加入盐、生抽、料酒、白胡椒粉、葱段、姜片，将平鱼腌渍入味。

❸ 在烤架上垫入锡纸，将腌好的平鱼放到上面。

❹ 烤箱提前预热至220℃，将烤架置于烤箱中层，烤制约8分钟。

❺ 取出后刷少许橄榄油，撒上辣椒粉和孜然粉，然后再次放入烤箱烤制6～8分钟即可。

零失败的recipe

★ 孜然味的烤鱼只是香烤平鱼的其中一种做法，喜欢其他口味的话可以在平鱼鱼身刷上其他调味料。

★ 平鱼刺少肉厚，食用方便，是较好的烤制用海鲜食材。

盐烤秋刀鱼

可爱的食材们

秋刀鱼………… 3条
柠檬…………… 0.5个
海盐…………… 适量
现磨黑胡椒碎… 适量
油……………… 适量

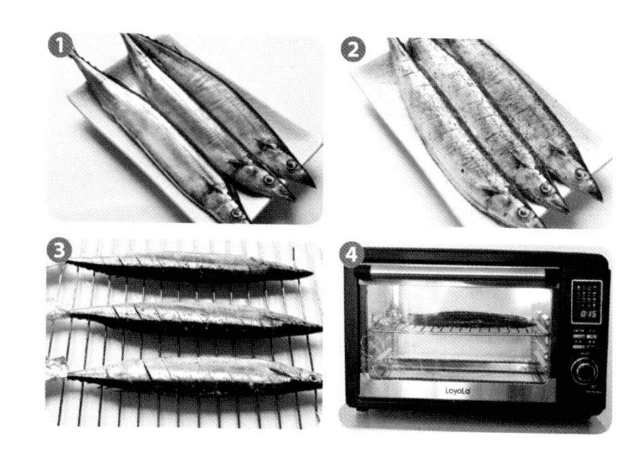

跟我慢慢做

1. 将秋刀鱼去鳃、去内脏，洗净备用。
2. 在秋刀鱼鱼身上划好花刀，撒上海盐和现磨黑胡椒碎，挤上柠檬汁，腌渍片刻。
3. 在烤架上刷好油，抖掉秋刀鱼上的海盐和现磨黑胡椒碎后摆上烤架，再用锡纸包裹鱼尾巴。
4. 烤箱提前预热至220℃，将烤架置于烤箱中层，烤制约15分钟，至秋刀鱼表皮上色即可。

零失败的recipe

- ★ 用海盐腌渍的秋刀鱼更好，风味更纯正。
- ★ 柠檬可以有效地去除秋刀鱼的腥味，还能使鱼肉更具风味。
- ★ 秋刀鱼本身脂肪较厚，烤着吃最香。当秋刀鱼快烤好时，注意观察表皮的上色情况，可根据鱼的大小以及烤箱功率的大小灵活调整时间。
- ★ 秋刀鱼的鱼尾巴容易烤焦，用锡纸包起来稍加保护，烤鱼会更好看！

盐焗海鱼

可爱的食材们

海鱼…………… 1条
迷迭香………… 1小把
海盐…………… 800克
蛋清…………… 适量

跟我慢慢做

❶ 将海鱼去鳞、去内脏，洗净后充分拭干水分，在鱼肚子里填上迷迭香。

❷ 在海盐中加入蛋清。

❸ 在烤盘中垫入锡纸，将鱼放在烤盘上并用海盐盖住，用手将海盐压实。

❹ 烤箱提前预热至200℃，将烤盘置于烤箱中层，烤制约15分钟。

❺ 将海盐剥开，掸净盐粒即可。

零失败的recipe

★ 海鱼的种类可以自己随意选择，黄鱼、海鲈鱼等均可，但一定要用新鲜的海鱼才行。

★ 盐焗食材的味道自然而鲜美，注意裹海盐前要充分拭干水分，否则焗出来的东西会偏咸。

★ 用蛋清混合海盐时，蛋清的量以手捏混合物能基本成团为佳。

芝士焗龙虾

可爱的食材们

- 龙虾……………… 1只
- 口蘑……………… 3朵
- 洋葱……………… 0.25个
- 奶酪粉…………… 1小勺
- 黄油……………… 10克
- 马苏里拉奶酪…… 适量
- 盐………………… 适量
- 白胡椒粉………… 适量

奶油酱汁食材

- 色拉油…………… 2大匙
- 黄油……………… 1大匙
- 高筋面粉………… 0.25杯
- 高汤……………… 2杯
- 鲜奶油…………… 1大匙
- 盐………………… 少许

跟我慢慢做

❶ 将龙虾洗净后，蒸熟备用。

❷ 将龙虾去头，取肉后切丁备用。

❸ 在锅中加入黄油，待其融化后加入切好的洋葱粒和口蘑粒翻炒出香味。

❹ 将炒好的食材和龙虾肉放到一起，加入盐、白胡椒粉和奶酪粉。

❺ 用奶油酱汁食材制作奶油酱汁，方法如下：在锅中放入黄油和色拉油，加热后将高筋面粉炒香，再将其倒入高汤中，搅拌均匀后过筛，加入鲜奶油拌匀，最后加入盐调味即可。用3勺制作好的奶油酱汁将步骤4做好的食材拌匀。

❻ 将拌好的食材全部重填回龙虾壳，并在龙虾上盖好马苏里拉奶酪。

❼ 烤箱提前预热至180℃，将盛有龙虾的烤碗置于烤箱中，烤制约5分钟，至马苏里拉奶酪融化即可。

零失败的 recipe

★ 自己制作奶油酱汁虽稍有些麻烦，但是能给焗龙虾带来别致的风味，值得一试！

风琴土豆烤培根

可爱的食材们

土豆…………… 2个
烧烤调料……… 2勺
培根…………… 适量
橄榄油………… 适量
孜然…………… 适量
盐……………… 适量

跟我慢慢做

1. 将准备好的土豆的表皮充分搓洗干净。
2. 在土豆下方垫上筷子，将它切成底部相连的均匀薄片。
3. 将土豆用锡纸包好，放入烤箱，调至230℃烤约40分钟。
4. 将培根切成薄片，放入盐和1勺橄榄油，加入1勺烧烤调料拌匀，腌渍片刻备用。
5. 在烤好的土豆中夹入腌好的培根。
6. 用喷壶均匀地朝夹好的风琴土豆培根上喷少许橄榄油，再根据个人口味撒适量烧烤调料和孜然，不必盖锡纸，将烤箱温度调至200℃，烤制约15分钟即可。

零失败的recipe

★ 这道菜品最好选用新土豆，成品的风味会更好。如果选择的是新土豆，则不必去皮，切的时候应尽量保证土豆片厚薄均匀，这样可以保证熟的时间一致，而且也比较美观。

★ 烧烤调料里所含的香料丰富，烤东西用起来十分方便，中大型超市都会有，记得在家中备一包哦！

★ 烧烤调料也可以自己在家DIY，只需要几种配料就可以：小茴香、辣椒粉、孜然粉、芝麻、盐和味精。自制烧烤调料虽然比买成品麻烦些，但好处在于可以不断尝试，直到做出最适合自己的味道！

奶酪焗土豆

可爱的食材们

土豆…………… 2个
橄榄油………… 1勺
烟熏火腿……… 2大片
蒜蓉…………… 1勺
蛋黄酱………… 2勺
马苏里拉奶酪… 30克
现磨黑胡椒碎… 少许
迷迭香干香料… 少许
盐……………… 少许
奶酪粉………… 适量

跟我慢慢做

❶ 将土豆的表皮搓洗干净。
❷ 将土豆切成条，用凉水冲掉表面的淀粉。
❸ 将土豆条沥干水分后拌入盐，腌渍片刻。
❹ 烤箱提前预热至200℃。将从土豆中腌出的汁水倒掉，加入橄榄油拌匀后铺到提前垫好锡纸的烤盘上，烤制约20分钟。
❺ 将烟熏火腿切成小片，放入烤好的土豆条中，加入蒜蓉、现磨黑胡椒碎、迷迭香干香料、蛋黄酱和奶酪粉搅拌均匀。
❻ 将步骤5中拌好的食材放到烤盘中，撒上马苏里拉奶酪。
❼ 烤箱提前预热至180℃，焗烤约5分钟即可。

零失败的 recipe

★ 最后一步加入马苏里拉奶酪后，食材的烤制时间不要过长，否则会影响马苏里拉奶酪的拉丝效果。

香草猪肋骨

可爱的食材们

猪肋骨………… 7根
橄榄油………… 1勺
生抽…………… 2勺
盐……………… 少许
现磨黑胡椒碎… 适量
迷迭香全叶…… 适量

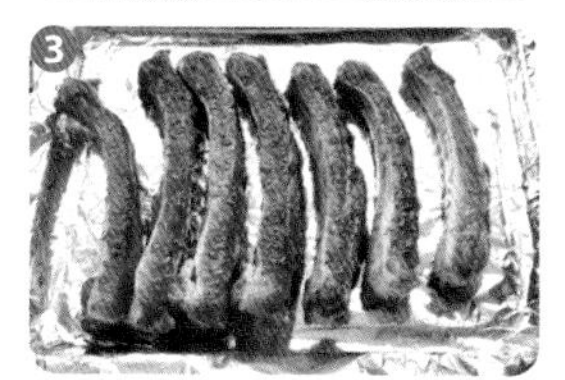

跟我慢慢做

❶ 准备好猪肋骨，洗净后沥水备用。

❷ 加入其余的食材，将猪肋骨腌渍2小时入味，注意覆上保鲜膜。

❸ 在烤盘中垫上锡纸，将腌好的猪肋骨摆好，加盖锡纸。

❹ 烤箱提前预热至230℃，将烤盘置于烤箱中层，仍用230℃的温度烤30 ~ 35分钟。之后揭开锡纸，用腌猪肋骨的酱汁刷一遍排骨，再次放入烤箱。烤箱温度调至200℃，将烤盘置于烤箱中上层，烤制约5分钟，待猪肋骨上色即可。

零失败的 recipe

★ 猪肋骨一定要提前充分腌渍入味，这样烤出来才好吃！

★ 刷上料汁复烤时，主要是为了给猪肋骨上色。一定要注意观察着色情况，灵活掌握时间。

广味叉烧肉

可爱的食材们

- 猪颈肉………… 600克
- 黄酒……………… 1勺
- 细砂糖………… 1勺
- 蒜粉……………… 0.5勺
- 叉烧酱………… 180克
- 生抽……………… 2勺
- 老抽……………… 少许
- 蜂蜜……………… 适量

跟我慢慢做

❶ 将猪颈肉清洗干净，沥净水分备用。

❷ 将猪颈肉和其他调味料放到一起，容器加盖保鲜膜，放入冰箱腌渍一夜。

❸ 在烤箱底部垫上锡纸，将烤箱提前预热至210℃，烤架刷油后放入腌好的肉，置于烤箱中层，烤制约20分钟。之后，取出猪颈肉，在正反面均刷上腌肉的料汁，重新放入烤箱中再烤制约20分钟。

❹ 将烤好的肉切成片即可。

零失败的recipe

★ 自家烤制叉烧肉尽量选用猪颈肉，这一部位肥瘦相间，烤出来最好吃！

★ 猪颈肉要腌到位，还可以将肉用叉子扎出小孔，这样更方便入味。

蜜汁五花肉

可爱的食材们

带皮切片五花肉……240克
生菜………………适量

蜜汁调味料

蚝油………………0.5勺
生抽………………2勺
八角………………1个
蜂蜜………………少许
白胡椒粉…………少许
花椒………………适量
葱圈………………适量
姜片………………适量

跟我慢慢做

1. 准备带皮切片五花肉1盒。
2. 将肉清洗干净后沥净水分，加入蜜汁调味料腌渍30分钟入味。
3. 在烤盘底部垫入锡纸，将腌好的五花肉平铺在烤盘上。
4. 烤箱提前预热至220℃，将烤盘置于烤箱之中，烤制12～15分钟。烤到六七分钟时，将五花肉翻一次面。待五花肉皮被烤脆、油脂尽可能地被逼出来时即可。
5. 用五花肉包裹生菜，再用牙签将其固定好即可。

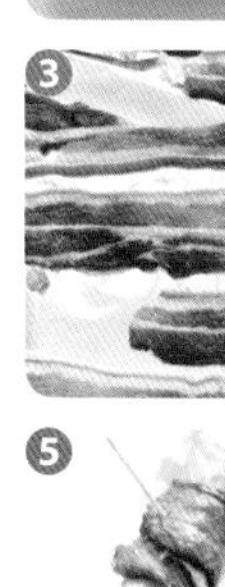

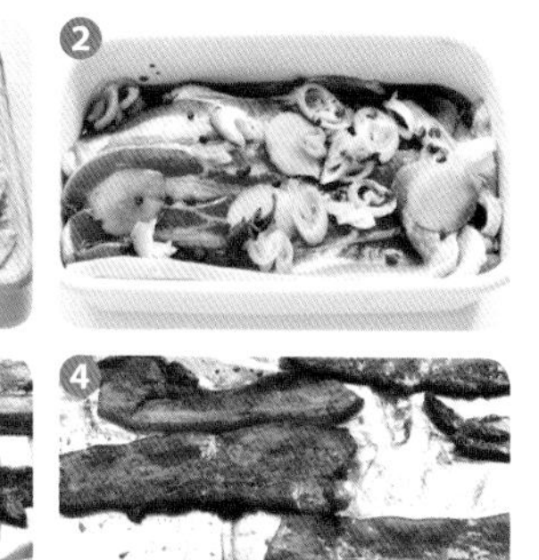

零失败的 recipe

★ 这里介绍的五花肉腌渍方法比较传统，读者也可以根据自己的口味加入烤肉酱、沙茶酱或是韩式辣酱……五花肉会随着你使用的酱料不同，有着不一样的风味，但不变的是让人欲罢不能的滋味和省事快捷的烹饪方法！

★ 香香的五花肉搭配起清口解腻的生菜，有没有想多吃两口的冲动呢？

菲力果蔬缤纷串

可爱的食材们

菲力牛排……… 300克
口蘑…………… 4个
洋葱…………… 0.5个
青椒…………… 0.5个
红椒…………… 0.5个
菠萝…………… 0.25个
橄榄油………… 1勺
烤肉酱………… 2勺
培根…………… 适量
盐……………… 适量
现磨黑胡椒碎… 适量

跟我慢慢做

❶ 将菲力牛排切成大粒加入盐、现磨黑胡椒碎和橄榄油抓匀后腌渍入味。

❷ 将洋葱、青椒、红椒切成菲力牛肉粒一般大小的片；口蘑一分为二。

❸ 将步骤2处理好的蔬菜片、切成小片的培根与菲力牛排粒间隔着串起来。

❹ 在菲力蔬菜串的顶端串上切好的菠萝块。

❺ 除菠萝块外均刷上烤肉酱。烤箱提前预热至220℃，将烤串置于烤架中烤制约5分钟后翻面再烤3 ~ 5分钟即可。

零失败的 recipe

★ 因为食材上要刷烤肉酱，所以前期腌渍时不必放太多盐，略有底味即可。

★ 菠萝块可以换成小番茄，也可以不放。加入菠萝块主要是为了增加色彩，让菜品更加美观。

★ 菲力牛排肉质很嫩，不可烤制太长时间。

香烤牛里脊

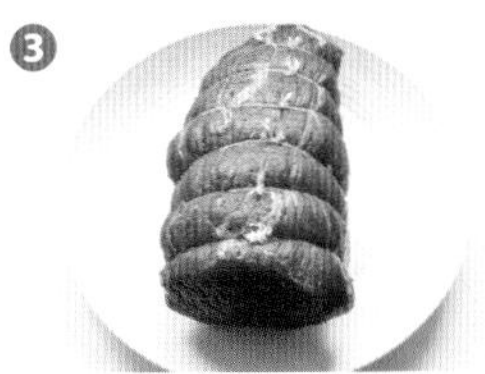

可爱的食材们

牛里脊………… 600克
橄榄油………… 3勺
盐……………… 适量
现磨黑胡椒碎… 适量
黑椒汁………… 适量

跟我慢慢做

❶ 将牛里脊洗净备用。
❷ 用叉子在牛里脊上扎上小孔，加入盐、现磨黑胡椒碎和1勺橄榄油，用手像揉面团一样揉搓片刻。
❸ 将牛里脊用线绳进行捆绑。
❹ 在不粘锅中加入剩余的橄榄油，将牛里脊煎至表面变色。
❺ 在烤盘底部垫上锡纸，放入牛里脊。
❻ 烤箱提前预热至220℃，将烤盘置于烤箱的中层，烤制45 ～ 50分钟。
❼ 在烤制过程中，将烤出来的肉汁刷到里脊上，烤至表面呈咖啡色后取出，切块或切片后，蘸黑椒汁食用即可。

零失败的 recipe

★ 里脊经充分揉搓后，肌肉纤维会变得疏松，烤好的里脊口感会更嫩。
★ 烘烤45分钟大概会将牛里脊烤至七八成熟。根据自己的喜好，调节烤制的时间即可。

黑椒牛肋眼

可爱的食材们

牛肋眼…………… 400克
橄榄油…………… 1勺
黑椒汁…………… 1勺
盐………………… 适量
现磨黑胡椒碎…… 适量

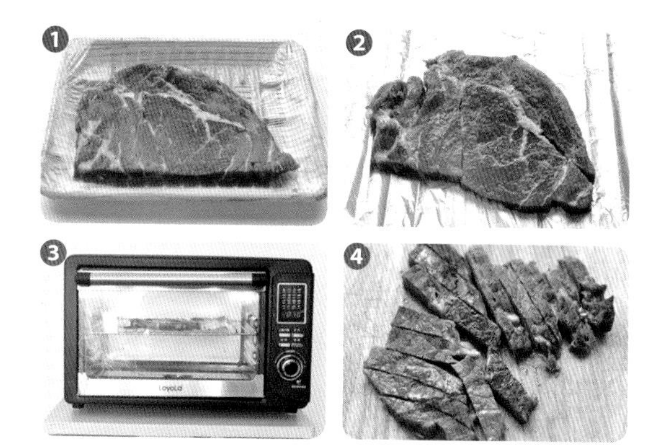

跟我慢慢做

❶ 准备好牛肋眼。

❷ 将牛肋眼用叉子扎上小孔后用盐和现磨黑胡椒碎腌渍入味，再放入橄榄油，用手像洗衣服一样揉搓至肉的纤维松弛。

❸ 烤箱提前预热至220℃，将腌好的牛肋眼放到铺好锡纸的烤架上，置于烤箱中层烤制8 ~ 10分钟。

❹ 将烤好的牛肋眼切成细条后装盘，淋上黑椒汁稍加装饰即可。

零失败的 recipe

★ 腌渍牛排的时候加入橄榄油可使牛排保持湿润，不然会容易干。充分地揉搓牛排可使肉质松弛，烤出来的牛排口感会更好。

★ 如果不喜欢过熟的牛排，缩短烤制时间即可。

★ 装盘时，搭配一些蔬菜更健康。

牛肉番茄盅

可爱的食材们

番茄…………… 3个
牛肉馅………… 150克
洋葱…………… 0.3个
面包屑………… 1勺
牛奶…………… 2勺
鸡蛋…………… 1枚
橄榄油………… 1勺
蒜粉…………… 0.25勺
现磨黑胡椒碎… 适量
迷迭香全叶…… 适量
盐……………… 适量

跟我慢慢做

1. 在牛肉馅中加入盐、蒜粉、现磨黑胡椒碎和迷迭香全叶。
2. 将洋葱切成洋葱末，放到牛肉馅中，再放入面包屑、鸡蛋液、牛奶和橄榄油，搅拌均匀。
3. 将番茄顶部切开，掏空番茄果肉，填入牛肉馅，将番茄顶部盖好，再放入铺好锡纸的烤盘中。
4. 烤箱提前预热至200℃，将烤盘置于烤箱中层，烤制约25分钟即可。

零失败的 recipe

★ 加入洋葱、牛奶、面包屑以及鸡蛋，可以使肉馅不柴、不硬。

★ 要根据番茄大小调节烘烤时间，时间过长的话番茄盅会开裂软塌，影响美观。

手撕五香牛肉

可爱的食材们

牛里脊………… 700克
生抽…………… 5勺
白胡椒粉……… 少许
五香粉………… 适量
白糖…………… 适量

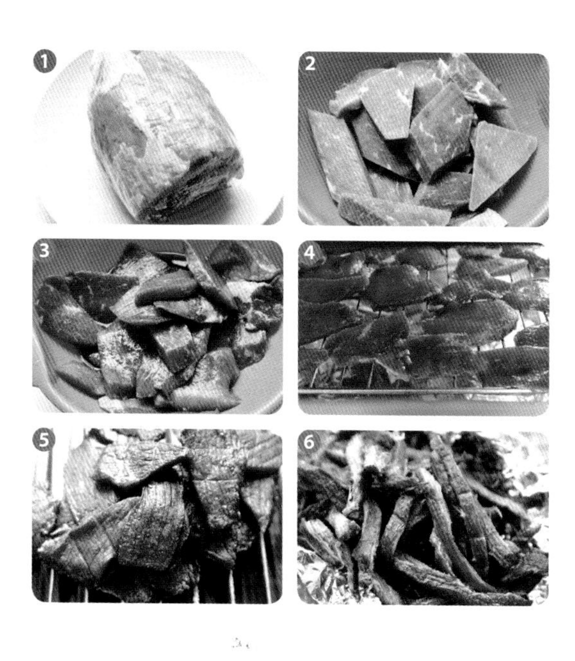

跟我慢慢做

❶ 将牛里脊肉泡净血水后放到冰箱进行冷冻，待其变硬后取出。

❷ 将牛肉顺丝切0.8厘米左右的厚片。

❸ 放入生抽、白胡椒粉、白糖和五香粉，至少腌渍1小时，让牛肉入味。

❹ 烤箱提前预热至120℃，将牛肉放到烤架上烘烤数小时。

❺ 在烤箱外观察，若牛肉脱干水分，就可以取出了。

❻ 将牛肉撕成粗细合适的条即可。

零失败的recipe

★ 烹饪过程中，有生抽入味，不必放盐，这样当零食吃咸淡正好。

★ 白糖和五香粉的量可以根据自己的口味酌情增减。

★ 为了吃的时候更有嚼劲儿，一定要将牛肉顺丝切片。

★ 将烤箱门留一条小缝，便于水汽蒸发。另外，要根据牛肉片的厚薄调节烘烤的时间。

私房烤羊排

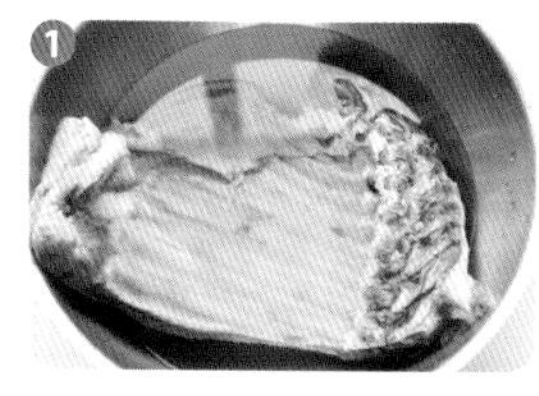

可爱的食材们

羊排…………… 500克
味极鲜………… 2勺
香油…………… 1小勺
蚝油…………… 1勺
八角…………… 1个
桂皮…………… 少许
食用油………… 少许
盐……………… 适量
葱段…………… 适量
姜片…………… 适量
五香粉………… 适量
孜然粉………… 适量
辣椒粉………… 适量

跟我慢慢做

1. 将羊排清洗干净，用清水浸泡去除血水。
2. 将羊排沥干水分，放到烤架上。烤箱提前预热至200℃，烤制约20分钟，至表面变硬发黄。
3. 将烤好的羊排放到锅中，加入姜片、葱段、八角、桂皮和盐煮40分钟，至肉软烂。
4. 从煮锅中捞出羊排，沥干水分，在羊排两侧都刷上一层食用油，再次放入烤箱中烤制8 ~ 10分钟。
5. 将烤得冒油的羊排取出，将味极鲜、蚝油、香油、五香粉混合后的调料均匀涂抹到羊排上，然后撒上孜然粉、辣椒粉。
6. 将羊排重新放入烤箱，烤制3 ~ 5分钟即可。

零失败的 recipe

★ 将羊排预先烤制是为了让其表面硬结，为第二次烤制做准备。这样更容易使肉质外焦里嫩。
★ 煮羊排可以大大缩短烤制的时间，而且更易入味。
★ 羊排煮好后再烤制是为了上色，最终达到理想的烤制效果。烤制时间根据食材的量来定，因为羊排已熟，所以时间不必太长，皮焦后烤出香味即可。

孜然羊肉串

可爱的食材们

羊腿肉………… 600克
橄榄油………… 1勺
孜然粒………… 1勺
辣椒粉………… 适量

腌肉料

生抽…………… 2勺
鸡精…………… 少许
盐……………… 适量
白胡椒粉……… 适量
五香粉………… 适量
孜然粉………… 适量

跟我慢慢做

1. 将羊腿肉切成大粒后洗净，沥干水分备用。
2. 将腌肉料放到一起，加入羊肉中腌渍2小时入味。
3. 将腌好的羊腿肉串好，刷上1/2橄榄油，撒上部分孜然粒、辣椒粉。
4. 烤箱提前预热至200℃，将羊肉串放入烤架上，再将烤架放入烤箱，烤制12 ~ 15分钟。中间翻一次面，同时刷上剩余的橄榄油、撒上剩余的孜然料、辣椒粉。

零失败的recipe

★ 根据羊肉粒的大小适当调整时间。不要烤制过长时间，这样才能保证羊肉串鲜嫩的口感。

★ 如果能在羊肉串上加入羊尾油一同烤更好，这样羊肉串滋味会更浓，当然减肥的姐妹们就不必了！

黑椒鸡肉锤

可爱的食材们

琵琶腿………… 4只
生抽…………… 2勺
烤肉酱………… 2勺
现磨黑胡椒碎… 适量
盐……………… 适量
蜂蜜水………… 适量

跟我慢慢做

1. 将准备好的琵琶腿洗净备用。
2. 将琵琶腿关节处的筋膜和外皮剪开，将肉和皮向前推，呈肉锤状。
3. 加入盐、现磨黑胡椒碎和生抽，腌渍入味。
4. 用锡纸包裹鸡肉锤的鸡肉部分。
5. 烤箱提前预热至230℃，将鸡肉锤放在烤架上，再将烤架置于烤箱中层，烤制约15分钟。
6. 打开包在鸡肉锤上的锡纸，刷上烤肉酱，再次撒上现磨黑胡椒碎。
7. 将鸡肉锤放入烤箱，温度调至200℃，烤制约10分钟。注意，出炉前5分钟时，要刷一次蜂蜜水。

零失败的 recipe

★ 将鸡肉锤包裹锡纸后可以安心加热，不用怕水分会过分流失。在去掉锡纸后，要注意观察鸡肉表皮的上色情况，不要因加热过头而使表皮焦煳。

★ 蜂蜜水最后刷是为了避免上色过度，蜂蜜用水稍微冲淡即可，一定不能太稀哦！

鲜蔬鸡腿卷

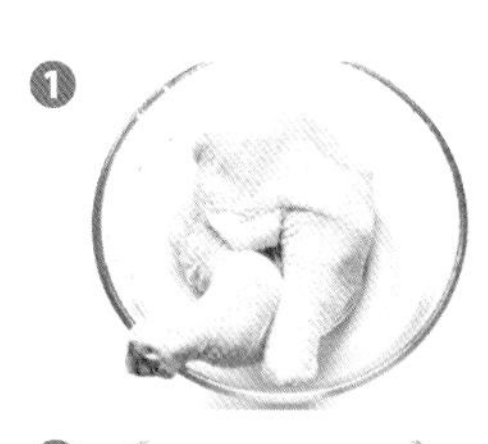

可爱的食材们

鸡腿…………… 2只
生抽…………… 1勺
芹菜条………… 3条
胡萝卜条……… 3条
火腿条………… 3条
烤肉酱………… 2勺
白胡椒粉……… 少许
盐……………… 适量
姜粉…………… 适量
蒜粉…………… 适量

跟我慢慢做

1. 将鸡腿洗净备用。
2. 将鸡腿剔去骨头，用刀背将鸡肉捶松，加入盐、生抽、白胡椒粉、姜粉、蒜粉腌渍入味。
3. 将芹菜条和胡萝卜条焯水后捞出，与火腿条一同放到腌好的鸡肉上，码放整齐后卷成卷。
4. 将鸡肉卷用油纸裹紧后卷起来，拧紧油纸的两头。
5. 在油纸外再用锡纸进行包裹，同样卷成卷。
6. 烤箱提前预热至210℃，烤制15 ~ 18分钟后取出。去除锡纸、油纸，在鸡肉卷表层刷上烤肉酱。
7. 将烤箱温度调至180℃，再次烤制8 ~ 10分钟，待其上色后取出，食用时切厚片即可。

零失败的 recipe

★ 将鸡肉卷用油纸包裹后，可以很好地锁住水分。
★ 二次烘烤鸡肉卷时注意观察上色，以免烤煳。
★ 待鸡肉卷冷却定型后，才能切厚片。

孜然烤鸡胗

可爱的食材们

鸡胗…………… 280克
橄榄油………… 1勺
生抽…………… 2勺
鸡精…………… 少许
五香粉………… 少许
盐……………… 适量
辣椒粉………… 适量
孜然粉………… 适量
孜然粒………… 适量

跟我慢慢做

1. 将鸡胗清洗干净后沥净水分，放入除孜然粒外的所有调味料，腌渍1小时入味。
2. 在烤盘底部垫上锡纸，将鸡胗串成串，放在烤盘上。
3. 烤箱提前预热至210℃，将烤盘置于烤箱中层，烤制6 ~ 7分钟。
4. 将鸡胗取出，撒上辣椒粉和孜然粒。
5. 再次放入烤箱，复烤3 ~ 4分钟即可。

零失败的recipe

★ 要保证鸡胗入味，一定要腌透。
★ 鸡胗的烤制时间不宜过长，否则会大大影响口感，甚至会咬不动。

香草烤鸡

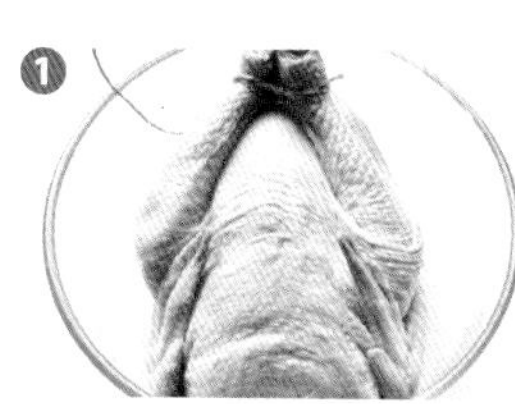
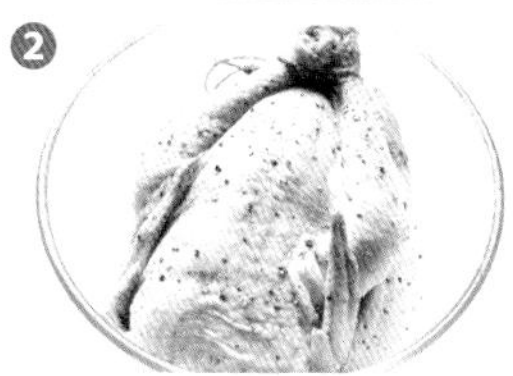

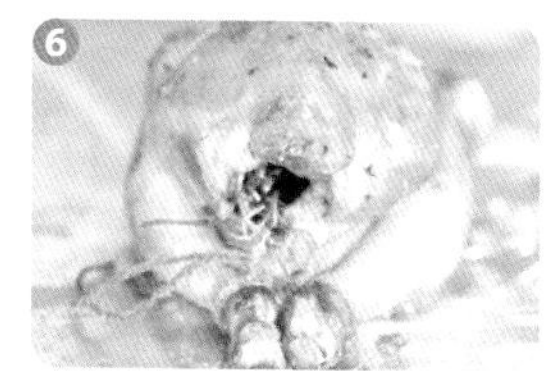

可爱的食材们

西装鸡……………… 1只
带皮大蒜…………… 6～8瓣
迷迭香……………… 1小把
百里香……………… 1小把
盐…………………… 适量
现磨黑胡椒碎……… 适量

跟我慢慢做

1. 将准备好的西装鸡进行充分浸泡，去除血水后沥干水分，将大腿用线绳捆绑。
2. 在鸡的表面撒上盐和现磨黑胡椒碎，按摩后腌渍片刻。
3. 将迷迭香和百里香冲洗干净。
4. 在鸡腹中塞入带皮大蒜和绝大部分的迷迭香、百里香，留下一小部分的迷迭香、百里香，揉碎后涂抹到鸡身上。
5. 烤箱提前预热至220℃，将鸡胸朝上放入垫好锡纸的烤盘中，烤制约10分钟。
6. 10分钟后，将鸡翻身，温度调至190℃，烤制约15分钟，之后将鸡再次翻身烘烤15～20分钟，至表皮酥脆即可。

零失败的recipe

★ 将鸡腿用线绳捆绑后可以更好地定型。

★ 只是进行了简单的腌制，烤鸡却香气十足，那都是香草（迷迭香、百里香）的功劳！香草在大型超市都可以买到。如果自己买来种子种在土壤里，既可以给家里来点儿绿色，又可以给食物增加风味，何乐而不为呢！

喷香烤翅

可爱的食材们

鸡翅…………… 300克
生抽…………… 1勺
蚝油…………… 1勺
孜然粉………… 0.5勺
五香粉………… 少许
橄榄油………… 少许
白糖…………… 少许
姜粉…………… 适量
蒜粉…………… 适量

跟我慢慢做

❶ 将鸡翅洗净，沥干水分。

❷ 在鸡翅肉厚的部分用叉子扎上孔，便于入味。然后将其余食材放到鸡翅上，按揉鸡翅数分钟，加盖保鲜膜腌渍30分钟。

❸ 在烤盘底部垫上锡纸，将鸡翅平铺在上面。

❹ 烤箱提前预热至200℃，将烤盘置于烤箱中层，烤制20 ~ 25分钟。在烤制过程中，要打开烤箱在鸡翅上刷一次腌鸡翅的调料并翻面，然后完成整个烤制过程即可。

零失败的 recipe

★ 调味料可根据自己的口味酌情增减。

★ 烤制过程中，时刻注意表皮上色的情况，以免出现一面烤焦，而另一面未熟的状况。

田园风干鸡

可爱的食材们

仔鸡……………… 1只
味极鲜………… 2勺
老抽……………… 0.5勺
花椒盐………… 适量
盐………………… 适量

跟我慢慢做

❶ 将仔鸡洗净，沥水备用。

❷ 将仔鸡从肚子中间剪开，撒上花椒盐和盐按摩片刻，待其入味后再倒入味极鲜和老抽涂抹均匀，加盖保鲜膜腌渍2小时以上。

❸ 将腌好的仔鸡放入烤架上，将烤箱调至60℃～70℃，低温烘干约8～10小时至肉质收紧、鸡皮有油脂渗出。

❹ 在低温烘干过程中，要将仔鸡取出一次，刷一次腌鸡料，使鸡皮均匀上色。

❺ 将已经风干的仔鸡放入蒸锅，蒸制约40分钟。

❻ 取出仔鸡后，稍微凉凉，手撕后摆盘即可。

零失败的recipe

★ 普通的风干手法得花费两三天的时间才能将鸡肉风干，烤箱版的风干鸡制作很方便，而且很卫生。

★ 花椒盐可以将烘干的花椒磨碎加盐自制，花椒会给鸡增添不少好滋味，而盐的量则根据口味自定。注意，在花椒盐中已经有盐了，所以调味料中的盐要少加。

★ 烤箱风干的过程要有耐心，及时观察鸡肉风干的情况。另外，烤箱门要开个小口以利于水汽散出。

盐焗鹌鹑蛋

可爱的食材们

鹌鹑蛋………… 300克
粗盐…………… 1000克
八角…………… 1个
香叶…………… 2片
花椒…………… 0.5勺

跟我慢慢做

❶ 将鹌鹑蛋清洗干净。
❷ 将鹌鹑蛋表面的水沥净，然后用厨房用纸仔细擦拭干净后备用。
❸ 在锅中加入粗盐、八角、香叶和花椒，炒出香味，并能看到粗盐已经微微发黄。
❹ 将粗盐的1/3倒入烤盘，并铺上鹌鹑蛋。
❺ 用剩余的粗盐充分盖住鹌鹑蛋。
❻ 烤箱提前预热至230℃，将烤盘置于烤箱中上层，烤制约15分钟即可。

零失败的 recipe

★ 焗鹌鹑蛋的粗盐一定要烧热，并且要将香料炒出香味。
★ 除了在烤箱中用炒好的粗盐焗鹌鹑蛋外，也可以直接用锅焗，但是烤箱焗出来的鹌鹑蛋因为受热均匀，口感会更软嫩，而用锅焗的话容易加热过头，使蛋清变硬。

芝士焗意粉

可爱的食材们

食材	用量	食材	用量
意粉	1碗	盐	适量
洋葱	0.3个	现磨黑胡椒碎	适量
番茄	0.5个	香草碎	适量
培根	2片	橄榄油	适量
意粉酱	2勺	马苏里拉奶酪	适量
西蓝花	适量		

跟我慢慢做

❶ 将意粉煮熟。

❷ 将番茄、洋葱、培根切丁备用；西蓝花焯水后撕成小朵备用。

❸ 在锅中放入橄榄油，依次加入洋葱、培根和番茄翻炒均匀。

❹ 在锅中放入意粉，加入盐、现磨黑胡椒碎、香草碎、意粉酱翻炒均匀。

❺ 将炒好的意粉盛出，放入西蓝花。

❻ 在意粉上撒上马苏里拉奶酪。烤箱提前预热至200℃，将意粉置于烤箱中层，焗烤5 ~ 10分钟即可。

零失败的recipe

★ 煮意粉的水要多一些，煮制时间为8 ~ 10分钟，煮过头会大大影响口感。

★ 焗烤的时间根据马苏里拉奶酪的量来定，看到食物表面微黄即可，焗的时间过长会使它变硬。

孜然烤馍片

可爱的食材们

馒头…………… 2个
烧烤调料……… 1勺
盐……………… 少许
辣椒粉………… 少许
孜然粉………… 少许
橄榄油………… 适量

跟我慢慢做

❶ 将馒头切片备用。
❷ 将馒头片均匀刷上橄榄油。
❸ 在馒头片上均匀撒满烧烤调料。烤箱提前预热至200℃，将馒头片放在烤架上入烤箱烤制3分钟。
❹ 在馒头片上撒入辣椒粉、盐和孜然粉，复烤约3分钟即可。

零失败的 recipe

★ 路边烧烤摊的烤馍片总是让人垂涎，可总又让人担心它的卫生问题。自己在家做既安心又好吃，还可以享受DIY的乐趣，因为你可以随自己的口味选择孜然味（按上文做法）、烤肉味（刷烤肉酱）、辣味（刷上辣椒酱）……
★ 烤制馒头片的时间可自行调节，喜欢焦脆的口感就稍微延长几分钟吧！

黑糯米南瓜盅

可爱的食材们

熟黑糯米饭…… 1小碗
小南瓜………… 1个

跟我慢慢做

❶ 将小南瓜洗净，顶部切开，掏净里面的南瓜子。
❷ 准备好黑糯米饭，将饭弄散。
❸ 将黑糯米饭填到南瓜盅里。
❹ 烤箱提前预热至200℃，将南瓜放在烤架上入烤箱烤制约45分钟，以南瓜飘出香味、表皮变软且能顺利切开为准。
❺ 将南瓜盅和糯米饭按瓣切好，摆盘即可。

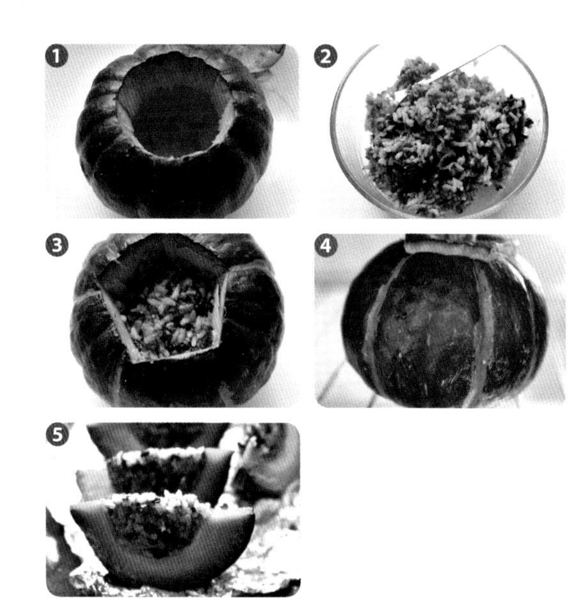

零失败的recipe

★ 烤制时一定要根据南瓜的大小调节时间。烤好的南瓜盅外壳既有型，又能顺利切开。
★ 黑糯米饭合着南瓜的香甜，既营养又美味！当然，黑糯米饭可以换成其他米做成的饭，如果是杂粮的就更健康了！

零失败的
recipe

★ 做照烧鸡腿时，要随着鸡腿的上色情况、食材的大小及时调整烤箱温度和烤制时间。
★ 调味料中的味醂（亦作“味淋”）的作用不容小觑，若没有也可以用酱油、米酒、白糖搭配起来调照烧汁。但建议首选味醂，这样做出来的照烧汁口味更纯正！
★ 给鸡腿剔骨时一定要注意保证皮的完整！

照烧鸡腿饭

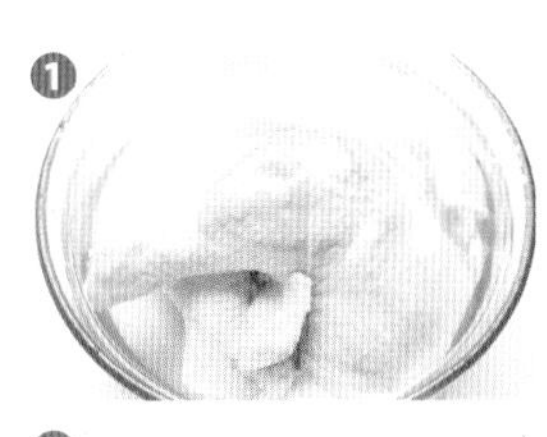
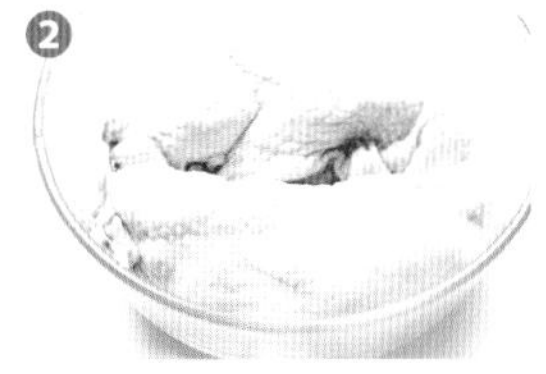

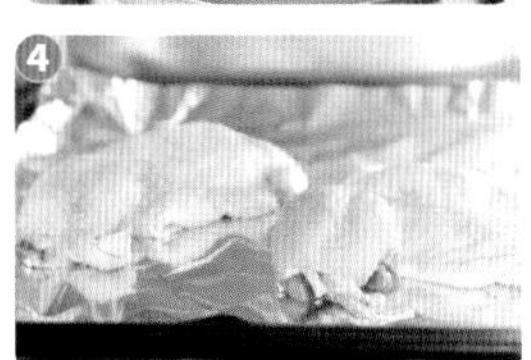
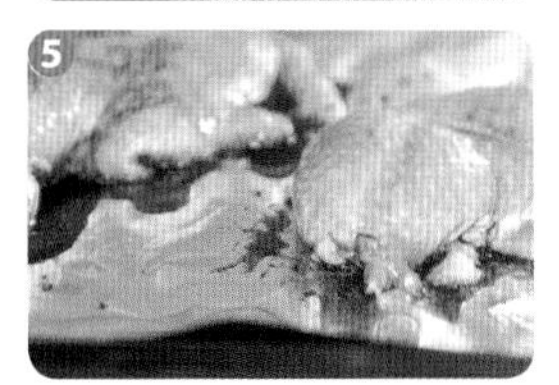
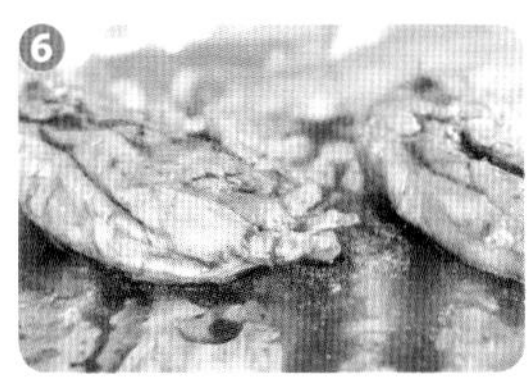

可爱的食材们

鸡腿	2个	白糖	0.75大勺
姜粉	1小勺	水	2大勺
蒜粉	1小勺	水淀粉	适量
料酒	2勺	西蓝花	适量
盐	少许	紫甘蓝	适量
鲜味酱油	2大勺	熟米饭	适量
味醂	2大勺		

跟我慢慢做

❶ 将鸡腿用清水进行充分浸泡，去除血水后沥干水分备用。

❷ 将鸡腿剔去骨头，将鸡肉的一侧用刀背拍松，加入姜粉、蒜粉、料酒和盐腌渍入味。

❸ 将鲜味酱油、味醂、白糖和水倒入锅中，烧开后用中小火加热，搅拌至白糖溶化有焦香味飘出时，加入水淀粉，烧开后继续加热，熬至汤汁浓稠时照烧汁就做好了。

❹ 烤箱提前预热至200℃，将鸡腿有皮的一面朝上放到铺好锡纸的烤盘中，置于烤箱中层，烤制约5分钟。

❺ 从烤箱中取出鸡腿，刷上照烧汁，放入烤箱继续烤。

❻ 待刷好照烧汁的一面被烤干后，翻面刷照烧汁，将这一面朝上，放入烤箱继续烤。

❼ 待照烧汁烤干后，将鸡腿翻面刷上照烧汁继续烤，并且在看到照烧汁烤干后再次将鸡皮一面刷上照烧汁继续烤。在鸡皮一面刷照烧汁并复烤的过程要重复三四次，直至将鸡腿烤熟（总过程需要15 ~ 20分钟）。将烤好的鸡腿切条，搭配焯好的西蓝花和紫甘蓝，盖在熟米饭上即可。

香草酥皮三文鱼

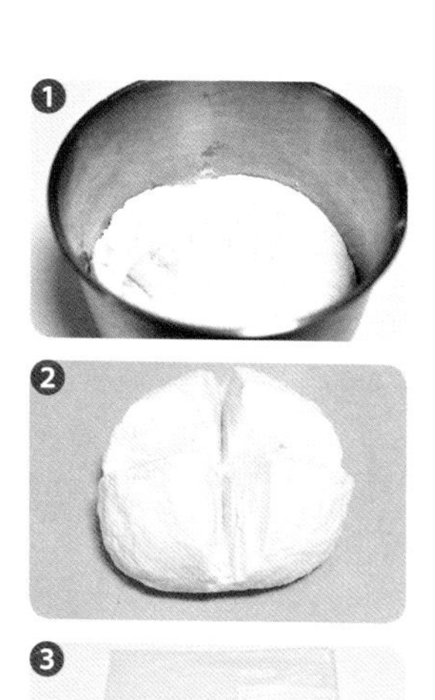

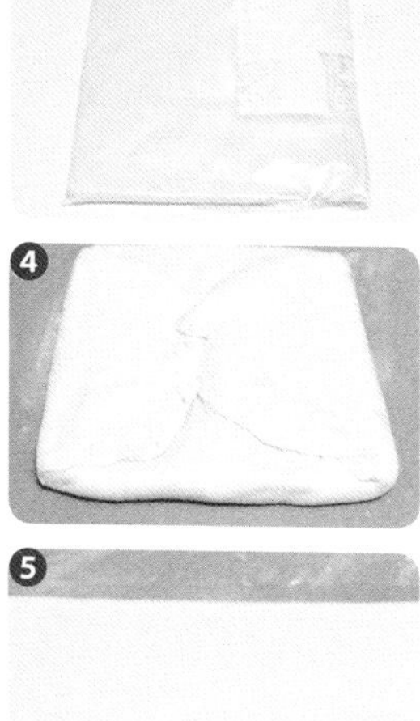

可爱的食材们

高筋面粉	125克	欧芹碎	0.5勺
低筋面粉	125克	迷迭香全叶	0.5勺
冰水	125克	柠檬皮屑	0.5勺
三文鱼段	350克	盐	适量
鸡蛋	1枚	现磨黑胡椒碎	适量
黄油	265克		

跟我慢慢做

1. 将高筋面粉、低筋面粉和5克盐放入料理盆中。取40克黄油切成小块，软化后一同放入料理盆中。
2. 在料理盆中加入冰水，用厨师机和成光滑面团。在面团顶部切十字口，保证底部相连，加盖保鲜膜放入冰箱冷藏1小时至面团变硬。
3. 将185克黄油装入食品密封袋中，将袋子叠成正方形，黄油擀成正方形片后放入冰箱冷藏。
4. 为防止粘连，可再取些面粉放到案板上，然后将步骤2中冷藏好的面团擀成正方形的大面片，包裹步骤3的黄油后收口。
5. 将黄油面团均匀地沿着一边擀成长宽比为3 ： 1的长条，同时将两端压扁。黄油面片要保证厚薄一致。掸掉多余的面粉，将黄油面片的两端向中间叠，保证3层黄油面片的大小基本一致。
6. 再将叠好的黄油面片旋转90° ，向左或向右擀成长条，按步骤5的方法叠成3层，放入冰箱冷藏45分钟以上。
7. 取出后重复步骤5和步骤6的动作，并再次将黄油面片放入冰箱冷藏。取出后再重复步骤5和步骤6的动作，即总共将黄油面片折6次，千层酥皮就算成功了。

❽ 取40克黄油在室温下软化，将盐、现磨黑胡椒碎、欧芹碎、迷迭香全叶、柠檬皮屑放入其中搅拌均匀。

❾ 将千层酥皮擀成3毫米左右的薄片，接着将其切成2份。在烤盘中垫入锡纸，铺上1份千层酥皮，放上三文鱼段。

❿ 将三文鱼段上抹匀步骤8拌好的香草黄油。

⓫ 将另一块三文鱼段覆盖在这一块三文鱼上。

⓬ 将底层露出的酥皮部分刷上鸡蛋液，将另一份酥皮盖在三文鱼段上，与下边的酥皮捏合在一起后，用叉子压上花纹。

⓭ 在步骤12做好的酥皮三文鱼上刷好鸡蛋液。

⓮ 烤箱提前预热至180℃，将烤盘置于烤箱中层，烤制35 ~ 40分钟。

⓯ 当酥皮表面呈金黄后取出，凉凉后切开食用即可。

零失败的 recipe

★ 做千层酥皮时，直接买片状黄油比较方便。

★ 步骤2中冷藏后的面团和步骤3擀好成片的黄油硬度要保持一致才好，擀的力道要均匀。

★ 没用完的酥皮可放入冰箱的冷冻室中备用。

★ 迷迭香和欧芹在大型超市进口食材区都有销售。

★ 当烤过后的三文鱼肉呈粉红色时，口感是最好的。烤制过程中，一定要注意酥皮表皮的上色情况，烤制时间要够，这样酥皮才能熟透。如果表面着色过深可以加盖锡纸进行保护。

私房五角羊肉馅饼

可爱的食材们

中筋面粉········· 200克
鸡蛋··············· 1枚
羊腿肉············ 400克
洋葱··············· 1个
盐·················· 适量
水·················· 适量
黑胡椒粉·········· 适量
鸡蛋液············ 适量

跟我慢慢做

❶ 将准备好的中筋面粉放入料理盆中，加入鸡蛋和3克盐。
❷ 在料理盆中加入50克水，搅拌成雪花状，接着揉成光滑的面团，饧约15分钟。
❸ 将羊腿肉清洗干净后切成小块，加入适量的水，顺时针搅拌、摔打，直至羊肉将水全部吸收为止。
❹ 将洋葱切成小粒，放入料理盆。
❺ 在料理盆中加入盐、黑胡椒粉，将羊肉馅拌匀。
❻ 饧好的面团搓成长条后切成剂子。

❼ 将剂子擀成薄薄的圆面皮，放入羊肉馅。

❽ 将左上方和右上方的皮分别向斜下方折一下，形成尖角，再将底下的皮翻上去。

❾ 将三角形下方的两个角向内折，压紧，将馅饼叠成五边形。照此方法将其余羊肉馅饼做好。

❿ 将锡纸垫入烤盘中，在锡纸上刷好油，放上羊肉馅饼，表面刷鸡蛋液。

⓫ 烤箱提前预热至220℃，将烤盘置于烤箱，烤制约20分钟，至馅饼表面金黄，出现焦斑即可。

零失败的 recipe

★ 调料可以根据自己的口味添加孜然、香油等食材。

★ 这里所给出的食材量可以做10个羊肉馅饼，可自己按比例对食材进行增减。

★ 可以将馅饼直接做成方形、圆形，但是收口要捏紧，防止汁水流失。

Part 3

无与伦比的蛋糕

喜欢看着烤箱中的蛋糕糊慢慢膨胀，
浓浓的奶油芬芳满溢，
直至充满整个房间……
让身处其中的人感受到满满的幸福。

萨克森香草布丁

可爱的食材们

牛奶…………… 180克
无盐黄油……… 60克
低筋面粉……… 60克
细砂糖………… 50克
香草精………… 5克
蛋黄…………… 4个
蛋清…………… 4个
模具用黄油…… 适量
模具用细砂糖… 适量
糖粉…………… 适量

跟我慢慢做

❶ 将模具用黄油均匀地涂抹在模具的杯壁和杯底，接着在杯壁和杯底撒好模具用细砂糖后，将多余的倒出。

❷ 将无盐黄油放入料理盆中，用搅拌器搅打至羽化状后，加入细砂糖搅打至颜色变白。

❸ 在料理盆中筛入低筋面粉，将食材拌匀。

❹ 另取一锅，将牛奶煮沸。

❺ 将煮沸的牛奶分3次加入步骤3做好的黄油面粉团中，搅拌均匀，滴入香草精拌匀。

❻ 将奶糊倒入锅中，用中大火加热，持续搅拌至形成面团，盛出放入料理盆。

❼ 在面团中分次加入已打散的蛋黄，并不断搅拌。

❽ 将蛋清打发成有硬度的蛋白霜，分次加入料理盆中。

❾ 将料理盆中的食材搅拌至透出光泽，并在提起刮刀时能呈丝带状落下的状态。

❿ 烤箱提前预热至200℃。将步骤9做好的布丁糊倒入杯子，放入盛装热水的烤盘中。将烤盘置于烤箱中层，烤制30 ~ 35分钟，直至布丁膨胀起来，布丁侧面也上色即可。出炉后筛糖粉装饰。

零失败的 recipe

★ 出炉后的布丁要趁热食用。

★ 要注意黄油面团和蛋白霜混合时的搅拌手法，以兜底搅拌为主，尽量避免消泡，才能保证成品的质量。容器用烤碗或杯子均可。

★ 杯子上涂抹的黄油要均匀，特别是杯口部位，这样才能保证布丁表面平整不变形。杯子中盛装的布丁糊可以多一些，这样烤好后布丁满溢出杯口的感觉很不错！

★ 以上的食材量是做4~5个萨克森香草布丁的食材量，可以根据自己的需要按比例增减食材。

可爱的食材们

低筋面粉……… 145克
黄油…………… 80克
糖粉…………… 70克
泡打粉………… 2克
鸡蛋…………… 1枚
牛奶…………… 250毫升
蛋黄…………… 3个
细砂糖………… 60克
香草荚………… 0.5根

跟我慢慢做

1. 将香草荚剖出香草籽，再将香草荚和香草籽放到牛奶中，加热至沸腾后关火。
2. 将蛋黄打成蛋黄液。
3. 在蛋黄液中加入细砂糖，并搅拌均匀。
4. 加入25克过筛的低筋面粉，并搅拌均匀。
5. 将牛奶倒入面糊，并搅拌均匀。
6. 将步骤5做好的混合液过滤后倒回奶锅，用中小火加热，不断搅拌至浓稠，捞起时要呈线状持续滴落的状态。

❼ 待黄油室温软化后加入糖粉打发至羽化状。

❽ 将打散的鸡蛋（最后留下一点点）分次倒入黄油中，搅打均匀后筛入120克低筋面粉和泡打粉拌匀即成派皮。

❾ 准备5寸活底模，将派皮面糊用裱花袋挤入后刮平，使面糊呈碗状。

❿ 填入步骤6做好的卡仕达酱，用派皮面糊封顶，可以随意划上花纹。

⓫ 在蛋糕顶部刷上步骤8剩下的鸡蛋液。烤箱提前预热至200℃，将模具置于烤箱中层的烤架上，烤制25～30分钟即可。

零失败的 recipe

★ 巴斯克蛋糕外酥内软，口味特别，你一定会爱上它！

★ 巴斯克蛋糕需要用派皮完整包裹馅料，要想让派皮的厚薄适中一定要多加练习。

★ 在烤制的过程中注意观察上色，别烤过火。

馥郁布朗尼

可爱的食材们

无盐黄油……… 104克
苦甜巧克力…… 45克
法芙娜可可粉… 26克
细砂糖………… 95克
鸡蛋液………… 80克
奶油奶酪……… 45克
盐……………… 1克
低筋面粉……… 40克
美国山核桃碎… 50克
香草精………… 少许

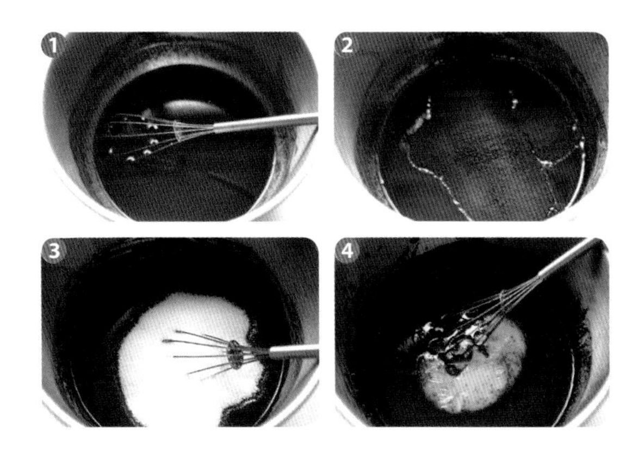

跟我慢慢做

❶ 将无盐黄油和苦甜巧克力隔水融化后搅拌均匀。

❷ 将法芙娜可可粉筛入黄油巧克力液中，搅拌均匀。

❸ 在黄油巧克力液中加入细砂糖搅拌均匀。

❹ 加入鸡蛋液、香草精搅拌均匀。

5. 加入在室温下软化好的奶油奶酪，压拌到料理盆中的食材无明显颗粒为止。

6. 在料理盆中筛入低筋面粉和盐，将食材拌匀。

7. 在料理盆中加入美国山核桃碎。

8. 将步骤7做好的混合物倒入模具，并整形。

9. 烤箱提前预热至170℃，将模具置于烤箱中层，烤制约30～35分钟即可。

零失败的 recipe

★ 布朗尼的美味人人都爱，但是热量相对较高，要瘦身的美女可要适当注意喽！

猫王磅蛋糕

可爱的食材们

低筋面粉……… 330克
鸡蛋…………… 7枚
细砂糖………… 260克
淡奶油………… 240毫升
黄油…………… 220克
香草精………… 2小勺
盐……………… 少许
模具用黄油…… 少许
模具用面粉…… 适量

跟我慢慢做

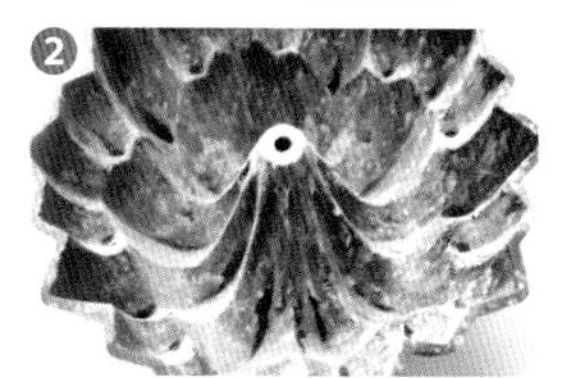

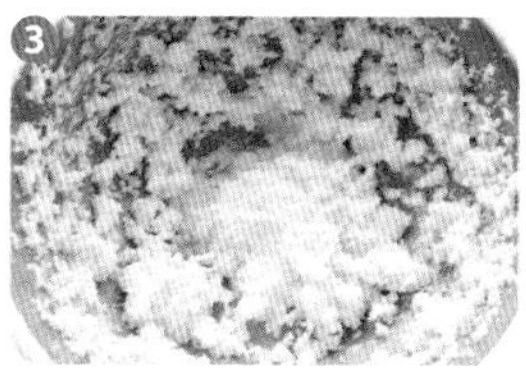

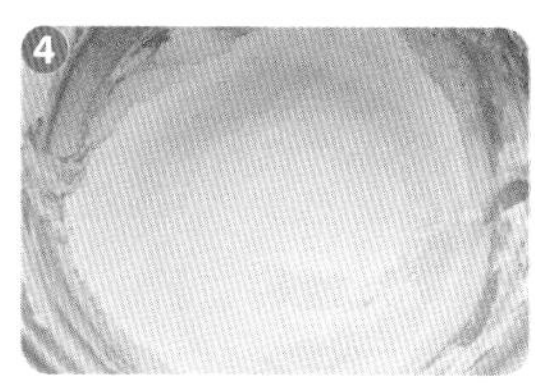

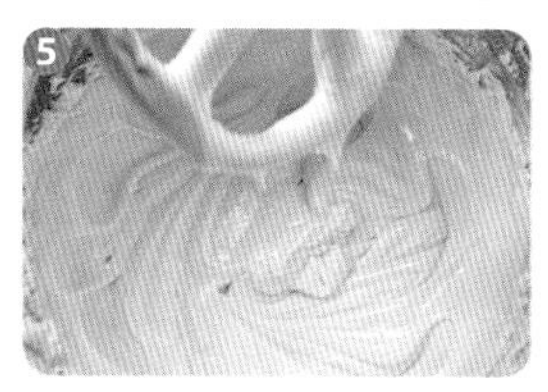

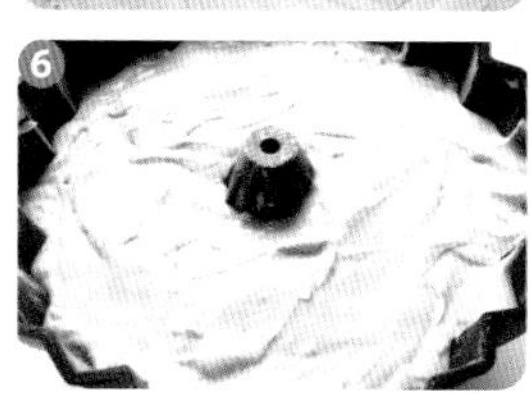

1. 将所有鸡蛋打入容器，加入香草精和盐，然后将鸡蛋充分打散成鸡蛋液。
2. 将模具涂抹模具用黄油后均匀地撒上一层模具用面粉，再把多余的面粉倒出。
3. 将黄油在室温下进行软化，用厨师机的高速挡打发至羽化状，再分次加入细砂糖打发至黄油发白。
4. 在黄油中分次加入鸡蛋液，充分打发均匀。筛入1/2的低筋面粉，用厨师机的低速挡将食材搅拌均匀。
5. 加入淡奶油搅拌至均匀，倒入剩下的低筋面粉，搅拌均匀后转高速挡打发5分钟，使蛋糕糊呈现光泽。
6. 将蛋糕糊倒入模具，刮平表面，将模具磕几下，排出空气。
7. 将模具置于烤架之上，放入烤箱下层，用185℃烤制75～80分钟，放凉后脱模即可。

零失败的recipe

★ 猫王磅蛋糕全程都在打发食材，每一步的操作都要到位，才能保证成品的口感。

★ 待蛋糕底端上色后可以加盖锡纸保护。烤到时间后，最好用探针测试下内部是否完全成熟。

心形布列塔尼蛋糕

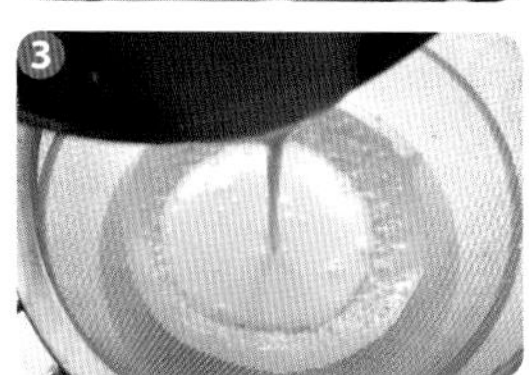

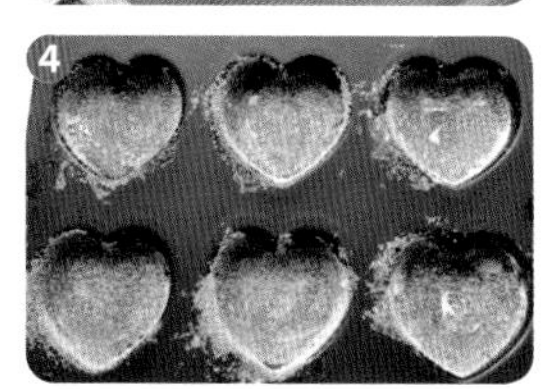

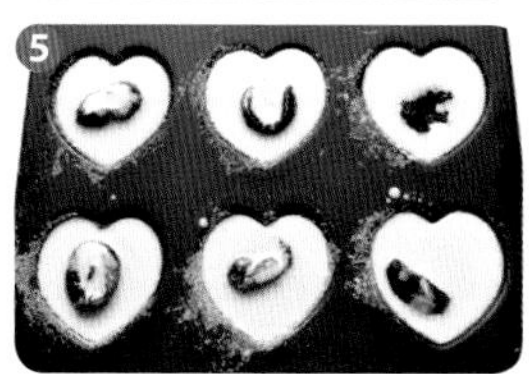

可爱的食材们

低筋面粉……… 60克
细砂糖………… 50克
蛋黄…………… 1个
鸡蛋…………… 1枚
牛奶…………… 150毫升
香草荚………… 0.5根
朗姆酒………… 1勺
鲜奶油………… 150毫升
无核西梅干…… 14粒
无盐黄油……… 30克
模具用细砂糖… 适量

跟我慢慢做

❶ 将准备好的低筋面粉和细砂糖搅拌均匀。

❷ 将香草荚剖出香草籽，再将香草荚和香草籽放到牛奶中，加热至温热关火。

❸ 在步骤1做好的面粉混合物中加入蛋黄、鸡蛋和75毫升牛奶搅拌均匀（没有面疙瘩），再加入鲜奶油、余下的牛奶以及朗姆酒搅拌均匀。将混合好的蛋糕糊过筛，滤掉香草籽。

❹ 在模具上涂抹无盐黄油，撒上模具用细砂糖后将多余的糖倒出。

❺ 在模具中倒入蛋糕糊，并在每个小模中放入无核西梅干，将剩余的无盐黄油切碎，均匀地一点点放入模具中。

❻ 烤箱提前预热至200℃，将模具置于烤箱中层，烤制25～30分钟，待蛋糕外部呈焦糖色即可。

零失败的recipe

★ 一般来说，烤制这款蛋糕应当使用厚实的铜质模具，可手头没有怎么办？现有的模具也可以，虽然蛋糕的形象有所改变但并不影响它的美味！

★ 西梅酸甜可口，跟这款蛋糕非常搭！如果喜欢传统的口味，将西梅干替换为李子干即可。

★ 烘烤的时间要根据模具的大小自行调节，只要蛋糕周围出现焦糖色就差不多了。

奥利奥杯子蛋糕

可爱的食材们

低筋面粉……… 250克
黄油……………… 225克
鸡蛋……………… 200克
泡打粉………… 2.5克
法芙娜可可粉… 15克
苦甜巧克力…… 30克
鲜奶油………… 120毫升
细砂糖………… 220克
奥利奥饼干…… 适量

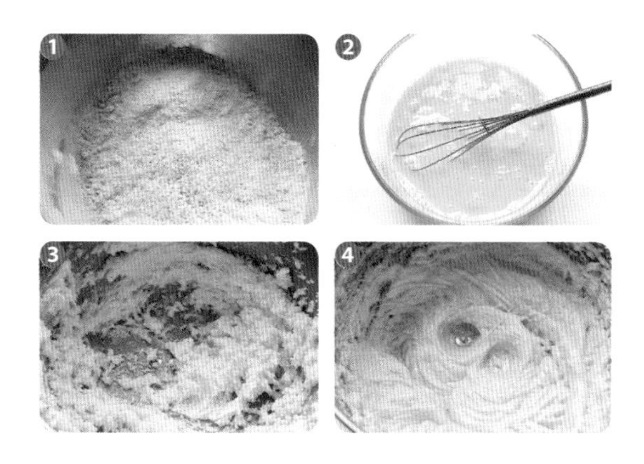

跟我慢慢做

❶ 将低筋面粉、泡打粉和法芙娜可可粉混合后过筛备用。

❷ 将鸡蛋充分打散备用。

❸ 待200克黄油在室温下软化后，分两三次加入总计200克的细砂糖，打发至羽化状。

❹ 在步骤3做好的黄油中分两三次加入鸡蛋液，每次都要打发至全部吸收后再继续添加新的鸡蛋液。待全部搅拌均匀后，倒入步骤1混合好的粉类食材，经充分搅拌后备用。

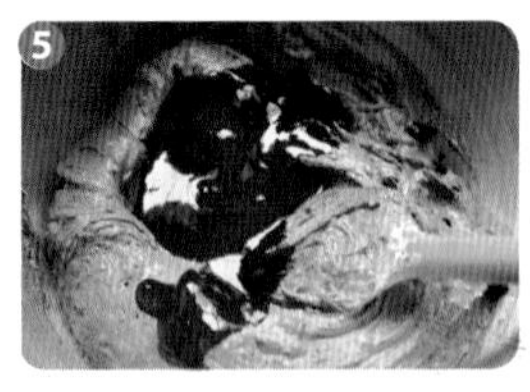

5 将隔水融化的苦甜巧克力加入25克黄油搅拌均匀，放入步骤4的混合食材中。

6 在模具中放入纸托，倒入蛋糕糊。

7 烤箱提前预热至190℃，将模具置于烤箱中层，烤制15 ~ 18分钟。

8 将鲜奶油加细砂糖充分打发，挤到烤好的杯子蛋糕顶部。将奥利奥饼干切成两半，插到奶油上即可。

零失败的 recipe

★ 通常做纸杯蛋糕时都是将蛋糕糊倒至八分满的高度，如果想蛋糕烤出来更丰满些，适当多倒些蛋糕糊也可以。
★ 装饰奶油中细砂糖的量根据自己口味来定。
★ 装饰奶油可以不用裱花袋挤到蛋糕上，随意涂抹也很好看。

酥粒双莓麦芬

可爱的食材们

杏仁粉………… 45克
发酵黄油……… 40克
黄油…………… 62克
淡奶油………… 92克
鸡蛋…………… 1枚
低筋面粉……… 195克
泡打粉………… 5克
细砂糖………… 79克
盐……………… 少许
柠檬皮屑……… 少许
（冷冻）蓝莓… 适量
（冷冻）树莓… 适量

跟我慢慢做

❶ 将发酵黄油切成1厘米左右的小块，放入冰箱冷藏。

❷ 将准备好的杏仁粉、盐、45克低筋面粉和34克细砂糖放入料理盆，搅拌均匀。

❸ 将冷藏好的黄油放入步骤2做好的粉类材料中，在融化之前用手搓成粒状，放入冰箱冷藏。

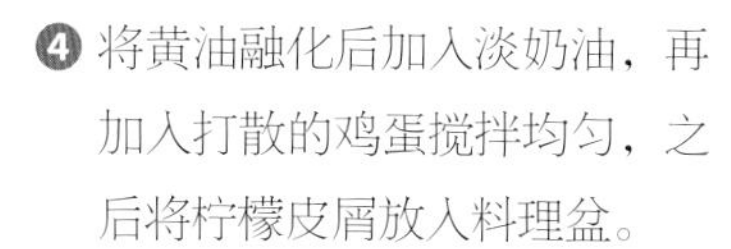

❹ 将黄油融化后加入淡奶油，再加入打散的鸡蛋搅拌均匀，之后将柠檬皮屑放入料理盆。

❺ 在料理盆中筛入150克低筋面粉、2.5克盐、45克细砂糖和泡打粉，拌匀后加入蓝莓和树莓，轻微搅拌。

❻ 用勺将蛋糕糊填到硅胶模中。

❼ 撒上步骤3做好的金宝酥粒，再放上2粒蓝莓。

❽ 烤箱提前预热至180℃，将硅胶模置于烤箱中层，烘烤约25分钟即可。

零失败的recipe

★ 酥粒用不完可以在烤面包、烤水果的时候撒上。

★ 蛋糕糊不用过度搅拌，这样吃起来更松软可口。

★ 双莓烤过后较酸，可以中和麦芬蛋糕的甜味，是我最爱的口味！请根据自己的口味酌情增减，或替换其他食材。

★ 可以将硅胶模填得满一些，这样烤出来的麦芬蛋糕加上“爆炸头”一样的酥粒会更好看！

海绵纸杯蛋糕

可爱的食材们

低筋面粉……… 60克
细砂糖………… 55克
鸡蛋…………… 2枚
牛奶…………… 25克
黄油…………… 15克

跟我慢慢做

❶ 将准备好的鸡蛋打成鸡蛋液。

❷ 将黄油和牛奶加热后搅拌均匀。

❸ 将步骤1打好的鸡蛋液分3次加入盛放细砂糖的料理盆中，用厨师机高速打发至蛋糊有明显纹路为止。

❹ 将低筋面粉分2次筛入鸡蛋糊中，搅拌均匀，再倒入步骤2做好的黄油牛奶液，搅拌均匀。

❺ 将蛋糕糊倒入模具中，八分满即可。

❻ 烤箱提前预热至180℃，将模具置于烤架上，放入烤箱中层，烤制15 ~ 18分钟即可。

零失败的 recipe

★ 文中的食材量可以做9个海绵纸杯蛋糕，如需增减纸杯蛋糕的数量请按比例增减食材。

★ 用厨师机打发鸡蛋是个小窍门，可以保证打发到位。

★ 在烤制的过程中注意观察上色，不要过火，否则蛋糕会偏干。

Part 4

香甜的面包和饼干

无论是轻如云朵的面包，
还是造型各异的小饼干，
待它放入口中之时，
它的美好滋味是如此长久，
又如此甜蜜！

rer, which
booming

酥粒云朵面包

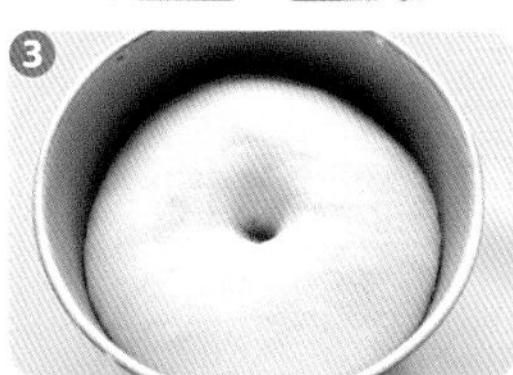

可爱的食材们

高筋面粉	250克	牛奶	50克
白砂糖	20克	黄油	35克
盐	2克	鸡蛋	50克
酵母	4克	鸡蛋液	少许
水	45克	酥粒	适量

跟我慢慢做

1. 将除黄油、酥粒、鸡蛋液外的所有食材放到一起。
2. 用厨师机将混和食材搅拌成面团后加入黄油，继续揉至能拉出薄膜为止。
3. 在面团上加盖保鲜膜，放置于温暖处让面团发酵至原来的2倍大。
4. 将面团充分排气后平分成6份，团成圆形。
5. 用模具将每个小圆面团压出螺旋花纹，接着让所有面团进行二次发酵。
6. 将发酵好的面团刷上搅打均匀的鸡蛋液，撒上酥粒，放入铺好锡纸的烤盘上。
7. 烤箱提前预热至185℃，将烤盘置于烤箱中层，烤制25 ~ 30分钟。

零失败的recipe

★ 面包的造型根据手头的工具自行选择模具就好，只是别忘了加酥粒，它既可以让面包看起来有些萌，又增加了些许新意，当然还很美味！

★ 酥粒的制作参考本书的“酥粒双莓麦芬”。

★ 烤得差不多的时候应注意观察面包的上色程度，以免烤过火。

麦穗面包

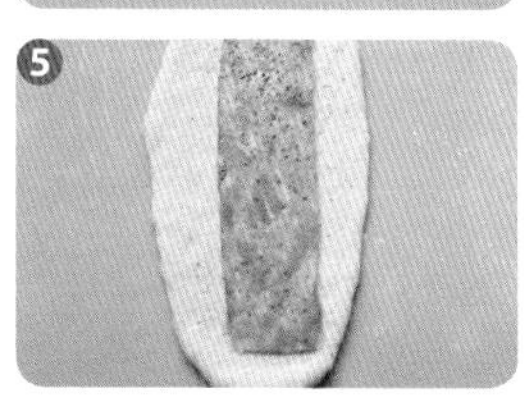

可爱的食材们

培根…………… 3片
现磨黑胡椒碎… 适量
油……………… 适量

面团食材
中筋面粉…250克
酵母………2克
麦芽精……1.5克
盐…………5克
水…………170克～180克

跟我慢慢做

❶ 将面团食材放到料理盆中。
❷ 用厨师机的低速挡运行3分钟，中速挡运行2分钟，揉成面团。
❸ 在料理盆中抹少许油，放入面团后加盖保鲜膜，常温发酵3小时，90分钟时要适当捶打一下面团。
❹ 将发酵好的面团平均分成3份。
❺ 取1份面团压扁，擀成长条状，平铺上培根，撒上适量现磨黑胡椒碎。其余2份面团相同处理。
❻ 将面团竖着卷成长条，静待其二次发酵。发酵好的面团，用剪子斜剪下去，但注意不要剪断。将剪好的面团摆成左右交叉（麦穗形）的样子，放入铺好油纸的烤盘中。
❼ 烤箱提前预热至230℃，用喷壶在烤箱内喷几下水，将烤盘置于烤箱中层，烤制15 ～ 18分钟即可。

零失败的 recipe

★ 弄出好看的麦穗造型要慢慢练习，不能心急。剪的时候，要记得斜剪，不要剪断，也不要剪得太轻，否则成品会不好看。
★ 用喷壶往烤箱中喷水是为了让烤箱中充满蒸汽，这样一来，烤出的面包会膨胀并有光泽。

芒果花朵面包

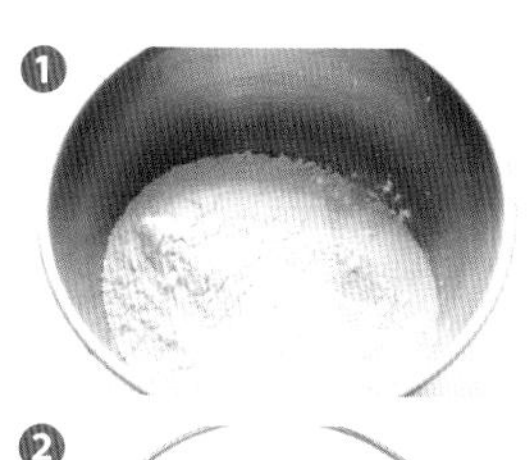
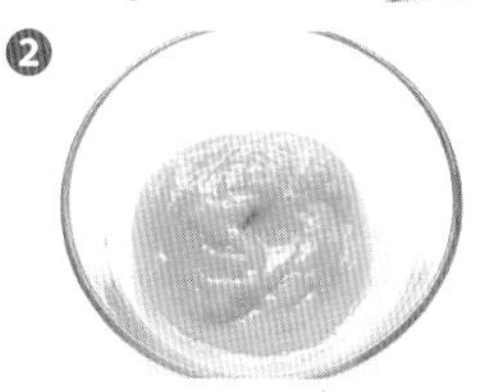
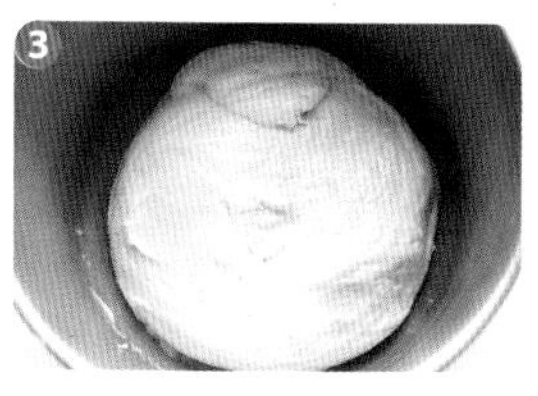

可爱的食材们

高筋面粉	250克	芒果肉	125克
细砂糖	30克	鸡蛋液	25克
盐	2克	水	65克
酵母	5克	黄油	30克

跟我慢慢做

1. 将酵母、细砂糖、盐和240克高筋面粉混合均匀。
2. 将75克芒果肉用料理机打成泥备用。剩余的芒果肉切成大粒。
3. 在步骤1的粉类食材中加入芒果泥、鸡蛋液和水，用厨师机搅拌至稍有筋膜的面团，再加入黄油继续搅拌，揉至面团能拉出较透明的薄膜，放入料理盆中加盖保鲜膜发酵至原先的2倍大。
4. 将发酵好的面团经过充分排气后分割成均匀的6份，静置片刻使其松弛。
5. 将面团团圆后压扁，中心嵌入芒果粒，四周切开呈花瓣状，筛入剩余的高筋面粉，并进行最终发酵，至原来的2倍大小。
6. 烤箱提前预热190℃。将花朵面包放入铺好油纸的烤盘上，置于烤箱中层，烤制12 ~ 15分钟即可。

零失败的recipe

★ 芒果面包有浓郁的芒果香味和漂亮的颜色。你可以把它弄成自己喜欢的任何形状都可以。

★ 烤制的时候注意观察上色，不要烤得太过。

★ 要想让面包的色泽更诱人，可以不筛面粉，直接在表面刷上鸡蛋液。

法式可颂

可爱的食材们

中筋面粉……… 250克
盐……………… 5克
白砂糖………… 20克
奶粉…………… 7克
酵母…………… 12克
无盐黄油……… 180克
水……………… 135克 ~ 140克
鸡蛋液………… 适量

跟我慢慢做

❶ 将所有粉类食材装入料理盆。

❷ 将160克无盐黄油用厚保鲜袋盛装后擀成四边形。

❸ 在步骤1混合好的粉类食材中加入水，用厨师机搅拌成光滑面团，加入20克无盐黄油，揉至完全吸收。

❹ 将面团擀成1厘米厚的面皮放入冰箱冷冻1小时，待其稍微变硬后取出。

❺ 将面片稍微擀开，将步骤2的无盐黄油片放到面片上方。

❻ 将面片的两侧向里折，包裹住无盐黄油，并将边捏紧。

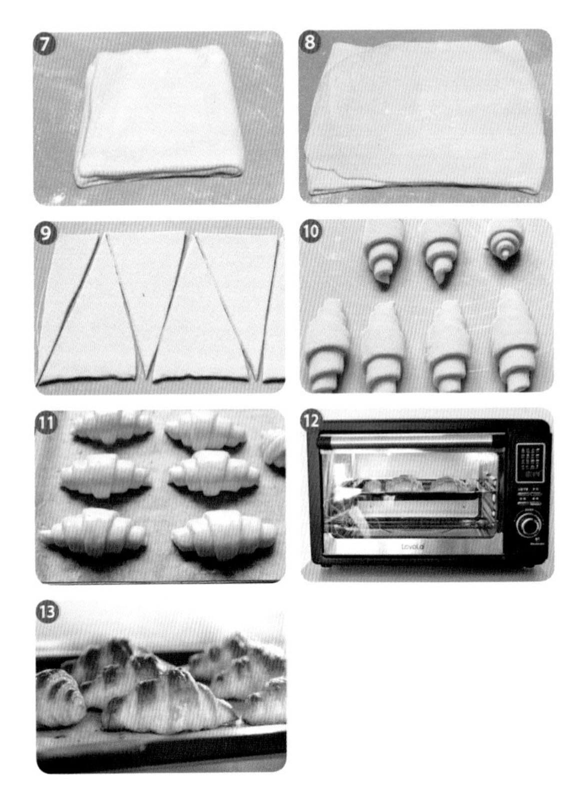

❼ 将混合面块擀成长为60厘米的长方形，计算好3等分的位置后，分别从左右两侧向中间将面皮折起来。

❽ 将折好的面块放入冰箱冷冻30分钟，然后将面块顺时针转90°，接着再次擀成长为60厘米的长方形，并按步骤7的方法折成三折。

❾ 将折好的面片擀成约0.4厘米厚的面皮，在面皮每隔10厘米的位置做上标记，用刀切出数个底边为10厘米的等腰三角形，具体切法如步骤图9所示。

❿ 掸净面片上的面粉，从底边卷起。按照这种方法，把剩余的面片都卷成可颂。

⓫ 在室温下让可颂二次发酵，待表皮干燥后涂抹鸡蛋液。

⓬ 烤箱提前预热至210℃，将可颂放入铺好油纸的烤盘中，置于烤箱中层，烤制约15分钟。

⓭ 当看到的可颂表面如步骤图13的样子就可以了。

零失败的 recipe

★ 用片状黄油更好操作。在制作过程中一定要注意室温不能过高，否则黄油很容易化掉。

★ 面团冷冻后的硬度和片状黄油的硬度一致时，操作才不易失误。另外，擀面团的力度也要均匀。

★ 在卷可颂之前要掸净干面粉，这样成型后的可颂形状才漂亮。

曲奇三明治

可爱的食材们

低筋面粉 ········· 200克
法芙娜可可粉 ··· 40克
盐 ················· 2.5克
黄油 ··············· 115克
糖粉 ··············· 60克
白砂糖 ············ 适量

花式花生酱食材

花生酱 ············ 60克
细砂糖 ············ 25克
黄油 ··············· 15克
淡奶油 ············ 10克
香草精 ············ 5克
盐 ················· 2克

跟我慢慢做

❶ 将低筋面粉、法芙娜可可粉和盐过筛备用。

❷ 将黄油切小块，在室温下软化。

❸ 用搅拌器将黄油打发至羽状，加入糖粉搅打均匀。

❹ 将步骤1做好的粉类材料筛入黄油糊中。

❺ 将步骤4的混合物拌匀成团。

❻ 将步骤5做好的面团装入厚保鲜袋中，排净空气后擀成厚薄均匀的薄片。

❼ 将保鲜袋的边缘剪开，将面片放到铺好油纸的烤盘上后，切成大小一致的长方形，用叉子扎上孔，撒上白砂糖。

❽ 烤箱提前预热至180℃，将烤盘置于烤箱中层，烤制15 ~ 20分钟。

❾ 将花式花生酱食材一同放入容器中，拌匀。

❿ 将烤好的曲奇抹上步骤9做好的馅料，覆盖另外一片巧克力曲奇，捏合即可。

零失败的recipe

★ 配料丰富的花生酱口味独特，让普通的巧克力曲奇立刻变身诱人点心！

★ 利用手头的工具可以将曲奇做成更加可爱的样子。

皮塔饼

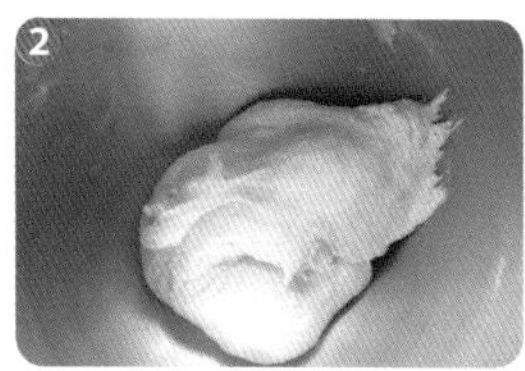

可爱的食材们

中筋面粉……… 235克
盐………………… 5克
酵母…………… 3克
水………………… 146克
橄榄油………… 15克

生菜…………… 4片
烟熏火腿……… 4片
番茄片………… 4片
蛋皮…………… 4张
油……………… 少许

跟我慢慢做

❶ 将准备好的中筋面粉、盐、酵母、水、橄榄油放到料理盆中。
❷ 用厨师机将料理盆中的食材搅拌成面团。
❸ 将面团取出，在料理盆中抹少许油，再将面团重新放回料理盆，并加盖保鲜膜，让其发酵至原来的2倍大。
❹ 将发酵后的面团平分成4份，取1份擀成椭圆的薄饼，盖上发酵布静置10分钟。其余的3份相同处理。
❺ 烤箱提前预热至230℃，将烤盘置于最底层。预热好烤箱之后，将面饼直接放到烤盘中烘烤。
❻ 当看到皮塔饼鼓起来之后（2 ~ 3分钟），就代表大功告成了。将烤好的皮塔饼切开，加入生菜、烟熏火腿、蛋皮和番茄片即可。

零失败的 recipe

★ 面团要有足够的湿度才能让最后的成品鼓起来，所以面团会较湿。如果不好操作，可以在案板上将面团加盖盖子静置一会儿再操作。
★ 注意烤盘必须要足够热，而且一定要放在烤箱的最底层。面饼还要擀得薄一些。具备这些因素后，皮塔饼才会变得鼓嘟嘟的。
★ 如果家中没有发酵布的话，可以用粗麻布代替。
★ 皮塔饼里的食材可以按自己的口味进行选择，因此丰富多变的皮塔饼会是一份不错的早餐！

杏仁甜饼干

可爱的食材们

杏仁粉………… 150克
鸡蛋…………… 1枚
细砂糖………… 150克
低筋面粉……… 20克
泡打粉………… 2克
香草精………… 3克
杏仁片………… 适量

跟我慢慢做

❶ 将杏仁粉、细砂糖、低筋面粉和泡打粉混合到一起。

❷ 分离蛋清和蛋黄，留蛋清备用。

❸ 将蛋清用搅拌机打发至出现均匀泡沫。

❹ 在蛋清中加入香草精和步骤1混合好的粉类食材，和成表面光滑的面团。

❺ 将面团平分成合适的大小，团起来压扁，表面盖上杏仁片并稍用力压实。将所有做好的杏仁甜饼干放到铺有油纸的烤盘中。

❻ 烤箱提前预热至200℃，将烤盘置于烤箱中层，烤制12 ~ 15分钟即可。

零失败的 recipe

★ 因为加入了杏仁粉，即便饼干中没有加入过多的油脂，也同样让人停不了口！

★ 烤出香味后，就要在烤箱旁注意观察饼干表面上色的情况，注意别烤过头。

蕾丝瓦片

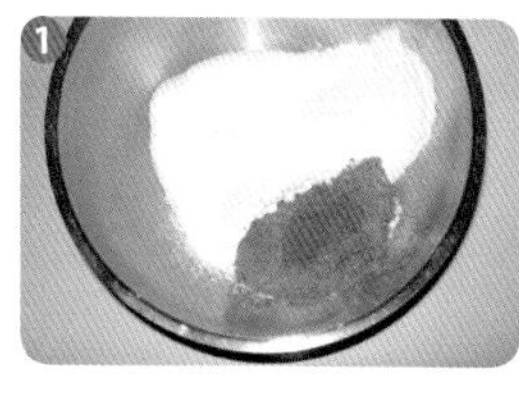

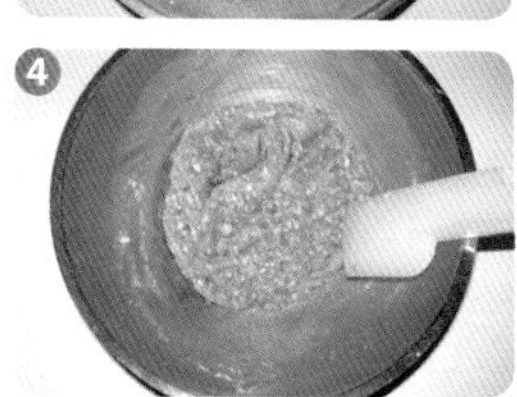

可爱的食材们

低筋面粉	60克	温水	20毫升
细砂糖	100克	黄油	70克
红糖	50克	杏仁片	70克

跟我慢慢做

1. 将准备好的低筋面粉、细砂糖和红糖放入料理盆，搅拌均匀。
2. 在料理盆中加入温水，拌匀后倒入室温下融化好的黄油拌匀。
3. 将杏仁片切碎，放入料理盆中。
4. 将料理盆中的食材充分搅拌均匀。
5. 将油纸裁成约15厘米的宽条，每5厘米宽的地方折一下，让中间形成一个5厘米宽的半封闭区域，将一小块面团放在这里，用擀面杖擀平，剪掉上方多余的油纸。
6. 烤箱提前预热至180℃。将瓦片放入烤盘，置于烤箱中层，烤制10 ~ 13分钟，烤完要趁热塑形，冷却后即可。

零失败的recipe

★ 嫌麻烦的话，在步骤5时直接将面糊摊成小圆饼就好，尽管外形淳朴，但不会影响它美好的味道！
★ 一定要时刻注意观察上色情况，否则很容易烤焦。

大理石饼干

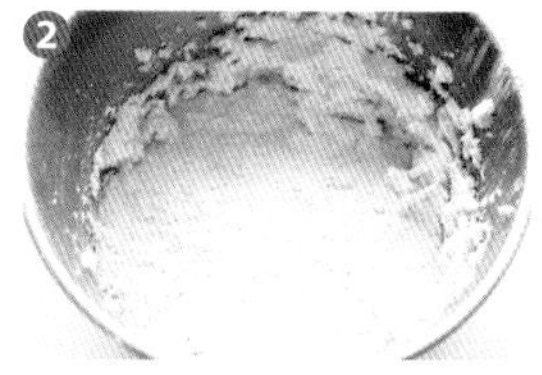

可爱的食材们

黄油……………… 80克
细砂糖…………… 60克
低筋面粉………… 130克
杏仁粉…………… 30克
盐………………… 1克
蛋黄……………… 1个
香草精…………… 3克
可可粉…………… 3克

跟我慢慢做

❶ 黄油软化后加入细砂糖打发至羽化状。

❷ 筛入低筋面粉、杏仁粉和盐。

❸ 加入蛋黄和香草精，搅拌均匀。

❹ 用揉面袋盛装后，按压合拢成团。

❺ 从揉好的面团中分出80克，用揉面袋将其和可可粉混合后揉匀。

❻ 将可可面团分成若干小块，和原味面团混合后搓成长条，用保鲜膜包裹放入冰箱冷藏至变硬时，取出切成合适厚度的片状饼干，放入铺好油纸的烤盘中。

❼ 烤箱提前预热至175℃，将烤盘置于烤箱中层，烤制12 ~ 15分钟即可。

零失败的 recipe

★ 原味面团和可可面团不要过度混合，否则饼干的大理石纹理会不清晰。

★ 根据饼干的薄厚和大小适当调节烘烤时间，注意观察上色以免烤煳。

LOVE

奶酪饼干

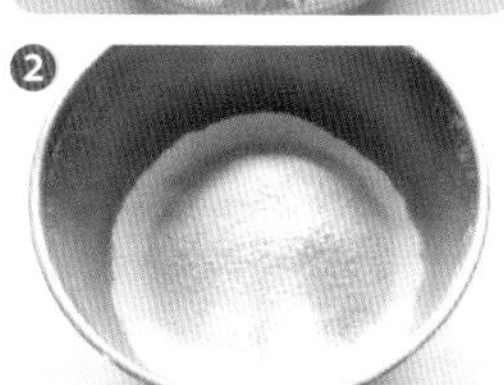

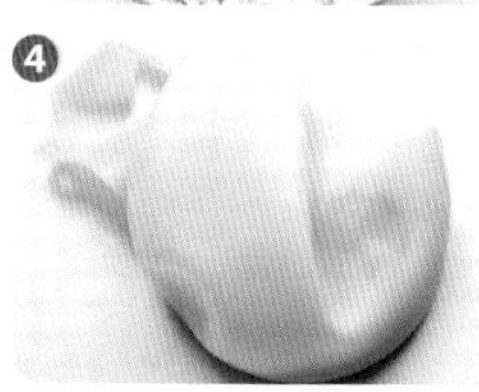

可爱的食材们

低筋面粉········· 125克
奶酪粉············ 15克
细砂糖············ 50克
盐················· 1克
蛋黄·············· 1个
无盐黄油········· 60克

跟我慢慢做

❶ 将无盐黄油在室温下自然软化后用搅拌器打发至羽状，倒入细砂糖搅打均匀，然后加入蛋黄搅拌均匀。

❷ 在料理盆中筛入低筋面粉、盐和奶酪粉。

❸ 用刮刀将料理盆中的食材拌成颗粒状。

❹ 将料理盆中的黄油混合物倒入硅胶揉面袋中按压成团，放到冰箱冷藏30分钟。

❺ 将黄油面团放入保鲜袋，排净袋中的空气后封口，用擀面杖擀成约0.3厘米厚的面片。

❻ 用模具压出小刺猬形状，并在压好的饼干上印上字母。将所有饼干平铺入烤盘，注意饼干与饼干之间要有间隔。

❼ 烤箱提前预热至170℃，将烤盘放入烤箱中层，烤制约10分钟即可。

零失败的recipe

★ 奶酪饼干味道香浓，即便做成最普通的圆形饼干，也会让人食指大动。但将饼干做出别致的造型，似乎会给生活增加一些小情趣呢！好好利用手中的多种模具给饼干做出可爱的造型吧！如果家里有小朋友的话，他们一定会喜欢的！

★ 饼干的烘烤很简单，但是香味飘出后要注意观察上色情况，以免着色过深影响美观。

Part 5

诱人的派、比萨、塔和小食

不同口味、不同风格的派、比萨、塔和小食，有着手作的自然淳朴味道。

看着自己爱的人幸福地吃着这些美味，便是对自己最大的肯定！

酸甜苹果派

可爱的食材们

食材	用量	食材	用量
千层酥皮	1份	柠檬汁	0.5勺
苹果	0.5个	肉桂粉	少许
黄油	10克	鸡蛋液	适量
白砂糖	20克		

跟我慢慢做

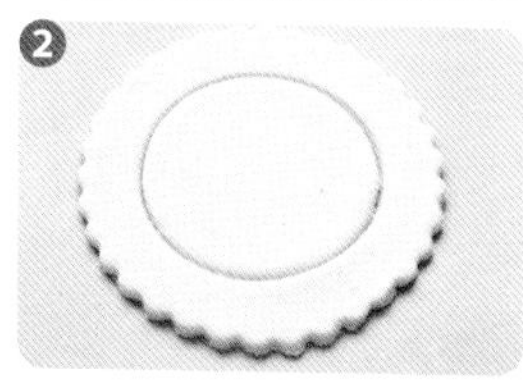

1. 在锅中放入黄油，待其融化后倒入切好的苹果粒，放入白砂糖和肉桂粉炒至苹果出汁，大火稍收下汁后取出，放凉后放入柠檬汁拌匀备用。
2. 将千层酥皮擀到约0.2厘米厚，用塔模压出2片带花边的圆面片。
3. 将其中一片花边圆面片用圆模压成环状面片。
4. 将环状面片与另一片花边圆面片叠在一起，用鸡蛋液黏合。
5. 在面片凹陷处填上步骤1炒好的苹果馅，放入铺好油纸的烤盘中。在派皮上均匀涂抹鸡蛋液。
6. 烤箱提前预热至200℃，将烤盘放入烤箱中层，烤制20～25分钟即可。

零失败的recipe

★ 烤好的苹果派趁热食用最佳。

巧克力浇汁泡芙

可爱的食材们

低筋面粉………60克
水………………90克
无盐黄油………45克
盐………………2克
白砂糖…………5克
鸡蛋……………2枚
淡奶油…………150毫升
细砂糖…………15克
巧克力…………150克
黑朗姆酒………30毫升

跟我慢慢做

❶ 将水、无盐黄油、白砂糖、盐放到锅中，煮沸后离火。

❷ 在锅中倒入过筛的低筋面粉，重新将锅置于火上，小火加热，快速搅拌至锅底出现一层薄膜，离火冷却至不烫手的程度即可。

❸ 将鸡蛋打成鸡蛋液，分次加入锅中，每次加入鸡蛋液后都要进行充分的搅拌。

❹ 将步骤3混合的泡芙糊搅拌至吸收全部鸡蛋液为止，且舀起的泡芙糊要呈倒三角状。

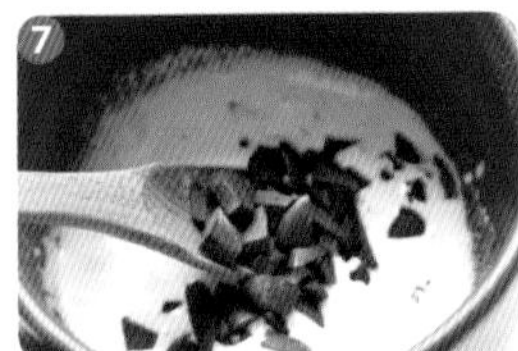

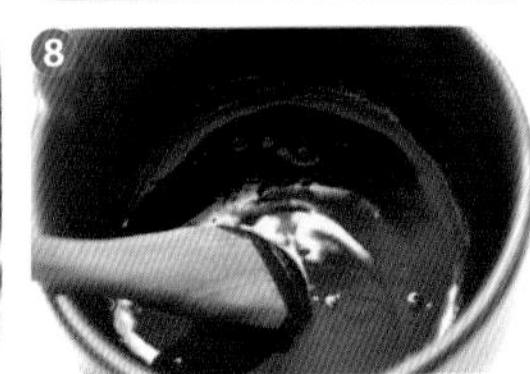

5 在烤盘垫上油纸，将泡芙糊用小勺均匀地舀到烤盘的油纸上。

6 烤箱提前预热至210℃，将烤盘置于烤箱中层，烤制10 ~ 15分钟。待泡芙充分膨胀，将烤箱调至180℃，烤制25 ~ 30分钟，至泡芙熟透为止。

7 将淡奶油和细砂糖混合，煮开后离火，加入切碎的巧克力。

8 搅拌至巧克力完全融化，加入黑朗姆酒，搅匀即可将浇汁淋到泡芙上。

零失败的
recipe

★ 用勺舀出泡芙糊，出来的泡芙形状较为粗犷自然；若喜欢规整的形状，就用泡芙嘴挤出泡芙糊。

★ 巧克力浇汁的量根据泡芙的多少和个人的口味自行调整，多出来的浇汁可以放入冰箱冷藏保存，下次用的时候隔水加热，搅拌均匀即可。

萌小鸡烧果子

可爱的食材们

低筋面粉……… 182克
蛋黄…………… 1个
炼乳…………… 160克
盐……………… 0.5小勺
泡打粉………… 4克
豆沙馅………… 540克
香草精………… 少许
高筋面粉……… 少许
装饰用蛋黄…… 少许

跟我慢慢做

❶ 将炼乳倒入容器中，再倒入准备好的蛋黄。

❷ 将炼乳、蛋黄充分搅拌均匀，再倒入香草精搅拌均匀。

❸ 将盐、泡打粉和低筋面粉混合后筛入炼乳蛋黄液中。

❹ 将步骤3混合好的混合物拌匀成面糊，放入冰箱冷藏室中松弛1小时。

❺ 将豆沙馅分成约30克一份的小团，手蘸少许高筋面粉，揉成圆球。将步骤4做好的面团分成约20克一份的小团，揉捏光滑，按压成饼状，包裹豆沙馅。

❻ 将裹有豆沙馅的面团捏出小鸡头和身子的造型，再捏出嘴巴和小小的尾部。

❼ 将小鸡的嘴巴用装饰用蛋黄小心画出来，装入铺有锡纸的烤盘。烤箱提前预热至170℃，将烤盘放入烤箱中层，烤制20 ~ 25分钟。

❽ 到时间后，将烤箱的温度降至150℃，烤盘移至烤箱上层再烤几分钟，使小鸡头顶上色。

❾ 将带木柄的烤肉签子放到火上烧热，在小鸡身上烫上翅膀和眼睛即可。

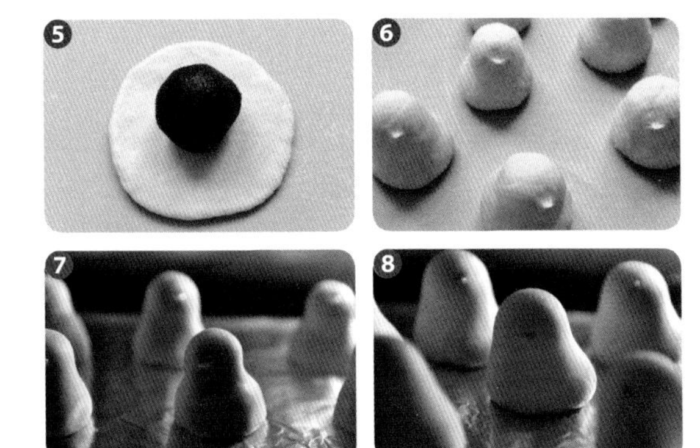

零失败的recipe

★ 面糊要冷藏后才好操作，如果室温高，操作的过程中觉得面团黏手，可以将它再次进行冷藏。分好的面团要注意加盖保鲜膜，以防表面变干。

★ 小鸡塑形后，表面有可能略微有些褶皱，但这没有关系，只要捏好形象，在烤制过程中自然会变饱满。

★ 在烤制小鸡的过程中记得要多观察，尤其是顶部上色时注意千万别烤焦。

★ 注意控制签子的温度，不能让温度太高，否则会把烧果子的皮粘下来。如果实在控制不好，那就用融化的巧克力描画吧！

英式面包布丁

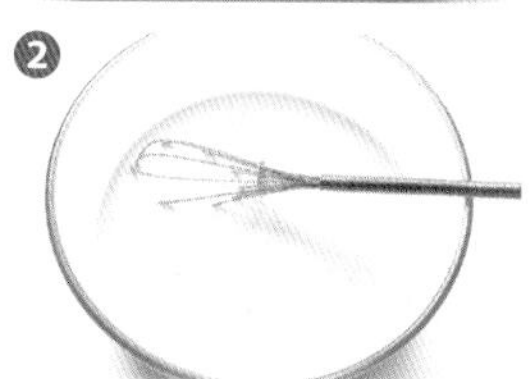

可爱的食材们

吐司	2片	葡萄干	20克
鸡蛋	2枚	香草精	适量
细砂糖	25克	杏仁片	适量
牛奶	100毫升	糖粉	适量
淡奶油	100毫升		

跟我慢慢做

❶ 将吐司切掉硬边后切块备用。

❷ 将鸡蛋打散后加入牛奶和淡奶油，加入细砂糖搅拌均匀，滴入香草精，搅拌至细砂糖完全融化。

❸ 将面包块倒入步骤2做好的混合奶糊中，浸泡3 ~ 5秒后捞出。

❹ 将浸过的面包块盛入方烤碗，倒入过筛后的混合奶糊。

❺ 在面包块上撒入杏仁片和葡萄干。烤箱提前预热至180℃，将烤盘盛装热水，置于烤箱中层，再将方烤碗放入，烤制约30分钟。

❻ 在烤制过程中，随时观察烤箱内情况，至布丁液凝结、表面金黄后取出筛上糖粉即可。

零失败的recipe

★ 根据自己的喜好，可以添加、替换其他干果或果脯，如蔓越莓干、蓝莓干等。

★ 香草精可去除蛋腥味，一定不能少。

★ 细砂糖的量可以根据自己的口味进行增减。

焦糖牛奶布丁

可爱的食材们

鸡蛋…………… 80克
牛奶…………… 300克
淡奶油………… 80克
香草荚………… 0.5根
细砂糖………… 150克
清水…………… 40克

跟我慢慢做

1. 在牛奶和淡奶油的混合物中加入香草荚中的香草籽，搅拌均匀，放入锅中小火煮开。
2. 鸡蛋打散，放入50克细砂糖搅拌至溶化后备用。
3. 在步骤1中的奶油牛奶混合物中加入步骤2的砂糖蛋液，搅拌均匀后过筛备用。
4. 另取一锅，加入清水和100克细砂糖，不必搅拌，煮成焦糖浆后倒入布丁瓶。
5. 将布丁液倒入盛好焦糖液的布丁瓶中，用锡纸封口。
6. 烤盘注入两三厘米的热水后摆入布丁瓶。烤箱提前预热至150℃，将烤盘置于烤箱中层，烤大约30分钟即可。

零失败的 recipe

★ 布丁液过筛是为了保证布丁的顺滑口感。
★ 用锡纸封口能使布丁表层不结皮，吃起来更加嫩滑。

This size of
it easy and

百变汉堡包

可爱的食材们

高筋面粉………200克	酵母……………2.5克	生菜……………1片
低筋面粉………50克	黄油……………20克	洋葱圈…………1个
细砂糖…………20克	烟熏火腿………3片	鸡蛋液…………适量
盐………………2克	煎蛋……………1个	熟白芝麻………适量
水………………105克	番茄片…………1片	沙拉酱…………适量

跟我慢慢做

❶ 将高筋面粉和低筋面粉倒入料理盆中混合后拌匀，舀出2勺备用。再将盐倒入料理盆中。

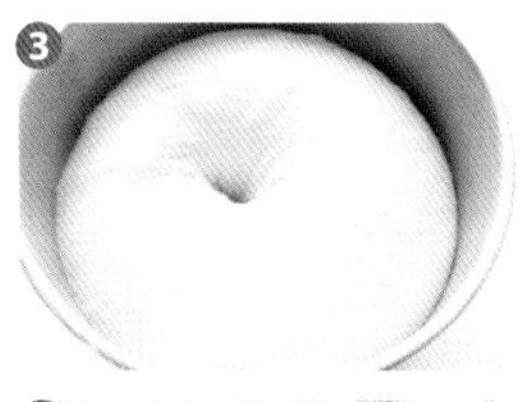

❷ 另取一容器放入酵母，倒入50克水，将2勺混合面粉和细砂糖倒入酵母碗中搅拌均匀，等待10分钟，至面糊发酵冒泡。

❸ 将步骤1 混合好的粉类食材、50克鸡蛋液、步骤2发酵好的面糊和剩余的水统统倒入料理盆中，用厨师机搅拌至面团光滑有筋膜后加入黄油，继续搅拌面团，并将其揉至扩展阶段。将面团放到盆中，加盖保鲜膜进行基础发酵，至原先的2倍大时，用手指蘸上面粉测试面团是否发酵好（以按下的“坑”不立即回缩为最佳）。

❹ 将面团分成相同的8份，滚圆后在一面刷鸡蛋液、粘熟白芝麻。

❺ 将面团放到铺好油纸的烤盘中二次发酵至2倍大。

❻ 烤箱提前预热至180℃，将烤盘置于烤箱中层，烤制15 ~ 18分钟。

❼ 将面包一分为二，在底层面包上铺好煎蛋、烟熏火腿、生菜、洋葱圈、番茄片，挤上沙拉酱即可。

零失败的 recipe

★ 烤制面包时，注意观察上色，防止顶部烤得太厚、太硬，待上色后可以加盖锡纸进行保护。

★ 面包烤好后可以根据自己的喜好搭配食材，如煎牛肉、炸鸡肉、橄榄等。

奶香一口酥

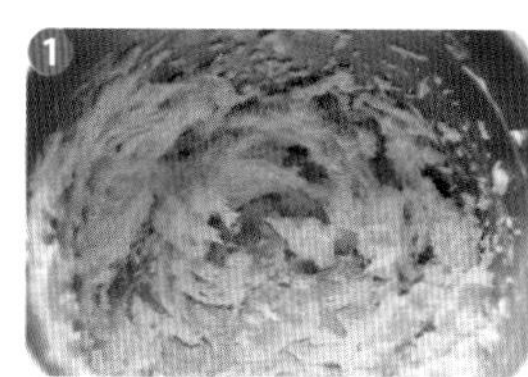

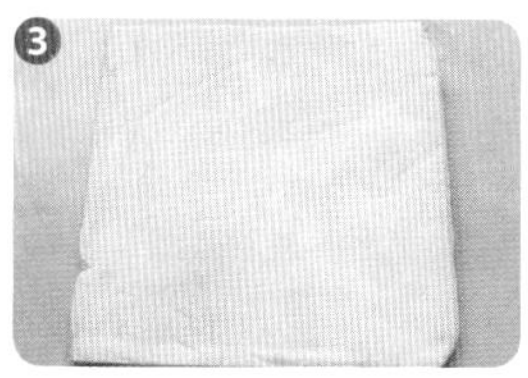

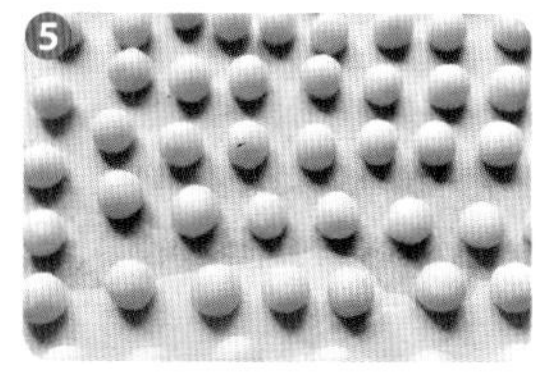

可爱的食材们

黄油…………… 80克
糖粉…………… 35克
蛋黄…………… 2个
低筋面粉……… 80克
玉米淀粉……… 50克
奶粉…………… 15克
泡打粉………… 2克

跟我慢慢做

❶ 将黄油软化后加入糖粉，打发至羽化状后加入蛋黄，再打发至黄油稍发白为止。

❷ 将低筋面粉、玉米淀粉、奶粉和泡打粉过筛，和步骤1的黄油糊混合后拌匀，并用揉面袋揉成面团。

❸ 将面团擀成方形厚片，放入冰箱冷藏，直到面片变硬。

❹ 将面片从冰箱取出后，切成等大的小方块。

❺ 待稍微回温后，将小方面块搓成小圆球，放入铺好油纸的烤盘，将底面按平。

❻ 烤箱提前预热至180℃，将烤盘置于烤箱中层，烤约10分钟即可。

零失败的recipe

★ 如果天热的话，用揉面袋揉面团会比较方便，以免体温将黄油融化。没有揉面袋的话将步骤2所有食材充分混合至无干粉状态后，用食品密封袋将面团装起来拢成团即可。

★ 面团要擀成方形，也可以将面团放入食品密封袋中操作。因为食品密封袋较厚，不易变形，可以在普通超市买到，较为方便。

★ 冷藏后的厚面片尽量切成等大的小方块，这样搓出来的小球才会大小均匀。注意小球之间要留足空隙，因为烤制过程中一口酥会膨胀。

墨西哥比萨

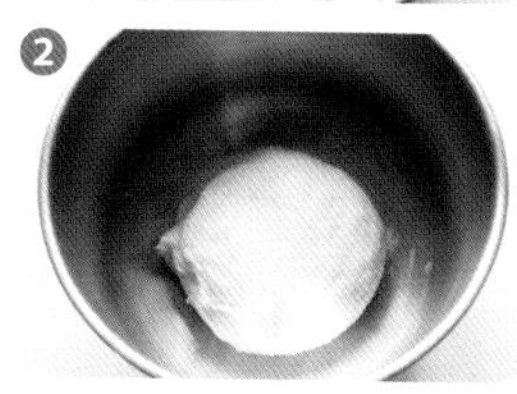

可爱的食材们

中筋面粉	150克	香肠	0.5根
酵母	3克	洋葱	适量
盐	2克	青椒	适量
白砂糖	3克	马苏里拉奶酪	适量
黄油	10克	比萨酱	适量
水	90克	油	适量

跟我慢慢做

1. 将中筋面粉、酵母、盐、白砂糖、水进行混合。
2. 用厨师机揉成团后，加入黄油搅拌至完全吸收，加盖保鲜膜，让其发酵至原来的2倍大。
3. 将发酵好的面团充分排气，松弛10 ~ 15分钟。接着，将面团擀成薄饼，铺入抹好油的比萨盘中，再用叉子在饼皮上扎出小孔。
4. 在饼皮上抹一层比萨酱，加入马苏里拉奶酪。将青椒、洋葱切小块，香肠切片。将这3种食材放在饼皮上，然后在饼边的位置刷上油。
5. 烤箱提前预热至200℃，将烤盘置于烤箱中层，烤制12 ~ 15分钟。
6. 将出炉的比萨再次撒上马苏里拉奶酪，放入烤箱复烤3 ~ 5分钟，待马苏里拉奶酪融化即可。

零失败的 recipe

★ 我认为比萨的饼皮薄些好吃，制作时可根据你的口味灵活掌握饼皮的薄厚。

★ 马苏里拉奶酪不能加热过度，否则影响拉丝效果。

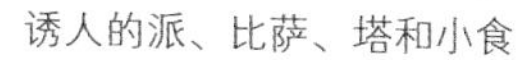

金枪鱼比萨

可爱的食材们

中筋面粉……………250克
盐…………………………4克
酵母………………………5克
水…………………………160克
马苏里拉软质干酪……100克
青椒………………………1个
洋葱………………………1个
金枪鱼罐头……………1个
细砂糖……………………少许
黄油………………………适量
比萨酱……………………适量
黑橄榄……………………适量
马苏里拉奶酪…………适量

跟我慢慢做

❶ 将中筋面粉、细砂糖、盐放入料理盆中，混合均匀。

❷ 另取一容器，倒入酵母，加入50克水，从步骤1的粉类食材中舀2勺放入容器后开始搅拌，至面糊冒泡开始发酵为止。

❸ 将步骤2的面糊、剩余的水倒入料理盆，用厨师机揉成面团后，加入20克黄油继续搅拌，直至黄油被完全吸收时加盖保鲜膜，发酵至原来的2倍大。

❹ 将面团充分排气，分成相同的3份。

❺ 将青椒、洋葱切成条后放入烤箱，调至180℃，烤约5分钟，让它们脱好水。

❻ 取1份面团，在比萨盘中摊成边缘厚、中间薄的饼，用叉子扎上孔，抹上比萨酱，饼边抹上已软化的黄油。

❼ 在比萨饼皮上撒入马苏里拉奶酪，放上黑橄榄和脱水的青椒、洋葱，再放入金枪鱼肉，最后放入马苏里拉软质干酪。

❽ 烤箱提前预热至220℃，将比萨盘置于烤箱中层，烤约15分钟，至比萨上的奶酪泛黄，饼皮熟透即可。

零失败的 recipe

★ 马苏里拉软质干酪在大型超市的进口食材区有售，买不到的话用马苏里拉奶酪即可。
★ 奶酪加热时间过长，会影响拉丝效果，也可以在出炉前5分钟加入最后一层奶酪，将其烤化即可。
★ 选择白皮洋葱，比萨的味道会更好。
★ 本书的“墨西哥比萨”“金枪鱼比萨”给出了2种制作饼皮的方法，建议读者多尝试，找出最顺手的方法。

缤纷厚多士

可爱的食材们

高筋面粉……… 250克
细砂糖………… 20克
盐……………… 5克
酵母…………… 5克
水……………… 170克
黄油…………… 45克
蜂蜜…………… 20克
冰激凌球……… 2个
各式饼干……… 若干
巧克力酱……… 适量
冷冻覆盆子…… 适量
蓝莓…………… 适量

跟我慢慢做

❶ 将高筋面粉、细砂糖、盐在料理盆中混合均匀。

❷ 另取一容器，倒入水，再放入酵母，搅拌至酵母完全溶解。将酵母水放入料理盆中，与步骤1混合好的粉类食材用厨师机揉成光滑的面团，待面团可拉出筋膜后加入25克黄油，揉至可以拉出大片的薄膜为止。

❸ 在面团上加盖保鲜膜，基础发酵至原来的2倍大。

❹ 待面团充分排气后，分成相同的3份。将3个面团分别用手团圆，充分松弛后将3个面团搓成长条，编成辫子叠着放入吐司模中，并让其完成最后发酵。

5 烤箱预热后，将吐司模置于烤箱中下层，设定为上火160℃、下火210℃，烤制35 ~ 40分钟。

6 烤好的吐司自然冷却后脱模，切掉顶部，使其呈正方形。接着将吐司的底部也切下来，再将中间掏空。

7 掏出的吐司先切成3厚片，每片平分成9小块，3片共为27块。

8 将剩余黄油和蜂蜜隔水稍加热，混合均匀后涂满吐司的底部、吐司壳内壁以及面包块。将面包块重新填回吐司壳中，吐司的底部放到原来的位置。

9 烤箱提前预热至180℃，将处理好的吐司置于烤箱中层的烤架上，烤制6 ~ 8分钟，至表面稍焦、香气四溢为止。

10 在吐司上放入冰激凌、各式饼干、蓝莓和冷冻覆盆子装饰后，挤上巧克力酱即可。

零失败的 recipe

★ 吐司烤制的过程中要注意观察上色，待色泽满意后就要加盖锡纸保护。

★ 吐司掏空切块后，最好保持原位置不变，这样重新填装时会比较方便。吐司底部是要保留的，千万别扔，切下来只是为了方便掏空吐司而已。

★ 装饰用的食材除冰激凌外，可按自己的喜好任意搭配。

芝麻司康

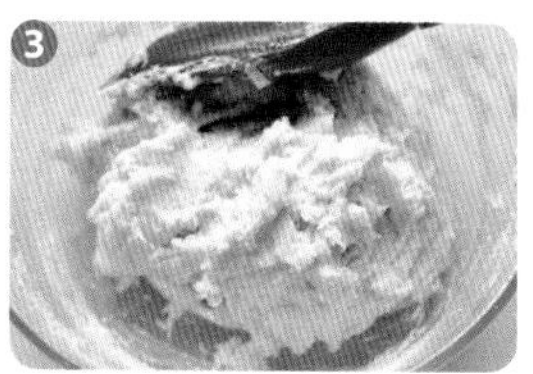

可爱的食材们

低筋面粉	200克	牛奶	60克
泡打粉	6克	淡奶油	50克
细砂糖	10克	鸡蛋液	45克
盐	1克	白芝麻	适量
发酵黄油	50克		

跟我慢慢做

1. 将泡打粉、细砂糖、盐和190克低筋面粉混合到一起拌匀。发酵黄油切成小块后放入冰箱冷冻半小时。淡奶油、鸡蛋液和50克牛奶混合后放入冰箱冷藏待用。
2. 将粉类材料和冻硬的黄油放入料理机，搅打8 ~ 10秒。
3. 将冷藏后的牛奶混合物加入步骤2的黄油混合物，搅拌成团。
4. 在案板上撒好剩余的低筋面粉，揉四五十下面团。
5. 将面团擀成厚片，用小圆模具压出圆形。
6. 将司康放入垫好油纸的烤盘内，每块司康上面都要刷一层牛奶，撒好白芝麻。烤箱提前预热至190℃，将烤盘置于烤箱中层，烤制20 ~ 25分钟。
7. 将司康烤至金黄色，具有蓬松感即可。

零失败的 recipe

★ 用料理机搅打粉类食材和发酵黄油的前提是黄油必须已经冻硬，且未有软化迹象。操作必须在黄油软化前完成。搅打至黄油混合物呈米粒状即可，不要过头哦！

★ 司康热食最佳，可以自由搭配果酱。

巧克力马卡龙

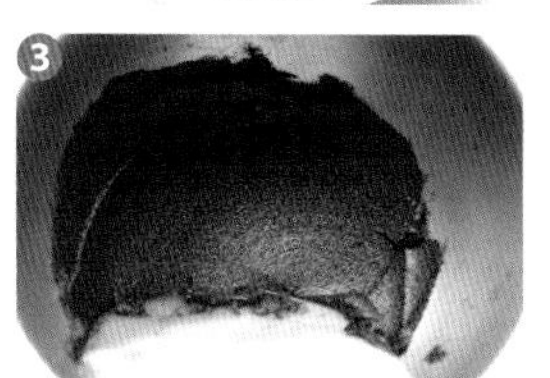

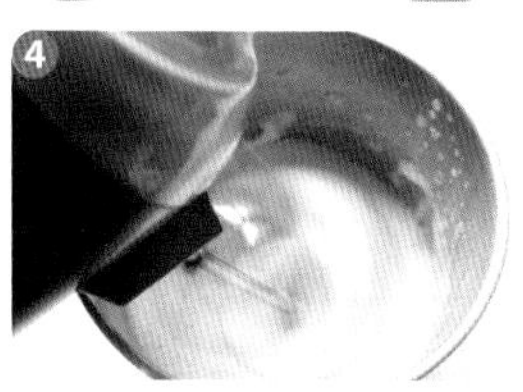

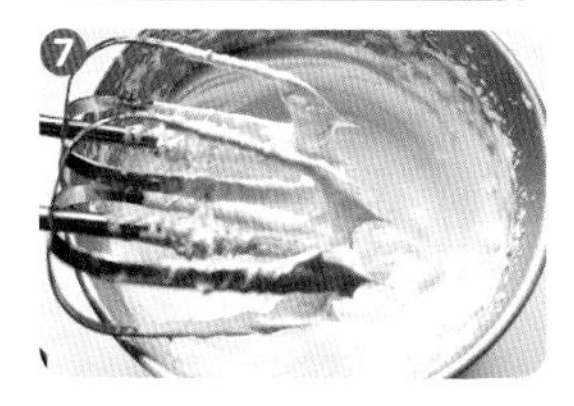

可爱的食材们

杏仁粉…………65克
细砂糖…………185克
可可粉…………7克
蛋清……………75克
巧克力…………45克
淡奶油…………50毫升
麦芽糖…………5克
清水……………30克

跟我慢慢做

❶ 将杏仁粉和65克细砂糖混合放入料理盆。

❷ 将杏仁糖粉放到研磨器中搅打数秒钟，然后过筛放入料理盆中，再放入过筛后的可可粉。

❸ 在料理盆中倒入25克蛋清，用刮板按压搅拌成无颗粒的湿润状态。

❹ 将120克细砂糖和30克清水混合拌匀，用中火加热熬煮至100℃。此时另取一料理盆，开始高速搅打剩余的蛋清，要将蛋清搅打至发泡状态。

❺ 待锅中的糖水熬至117℃时关火，将煮好的糖浆沿着料理盆边缘徐徐倒入蛋白霜，边加边搅打。

❻ 将料理盆移至提前准备好的热水上，用蒸格支撑，继续高速打发。

❼ 继续打发蛋白霜，直至将搅拌器拉起时蛋白霜出现挺实的尖角即可。

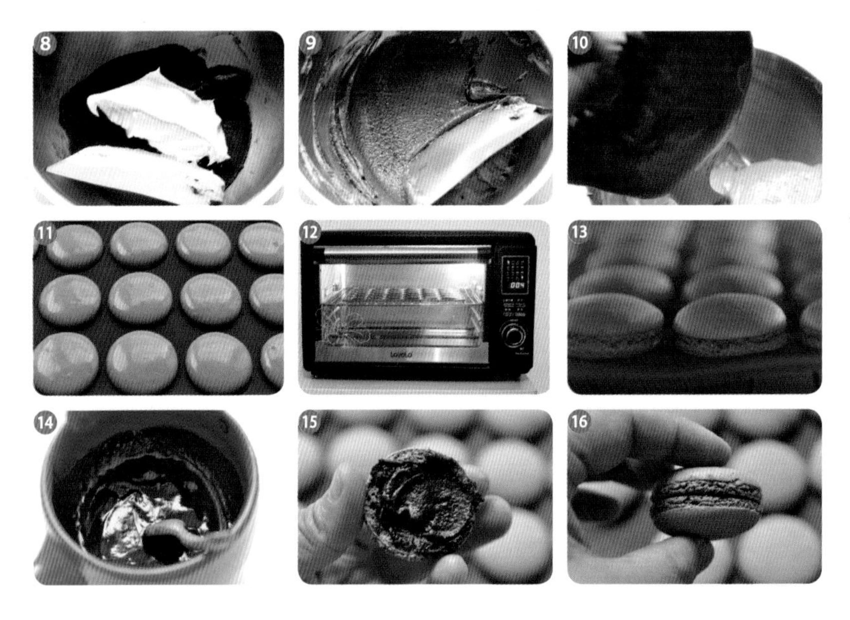

❽ 取步骤7打好的蛋白霜90克，分次加入步骤3做好的杏仁可可糊中。

❾ 用刮板拌压混合，从底部向上翻起，重复此动作。

❿ 要将料理盆中的混合食材拌压至面糊出现光泽，提起时呈丝带状滑落的状态。

⓫ 将混合食材装入裱花袋，挤到马卡龙硅胶垫上，静置片刻，直至表面结皮不黏手为止。

⓬ 烤箱提前预热至170℃，将烤垫置于烤箱中层。

⓭ 烤约4分钟，待杏仁可可饼出现裙边后，将烤箱温度调至140℃，再烤8分钟取出。在室温下冷却后即可从硅胶垫上揭下来。

⓮ 将淡奶油和麦芽糖放入小锅煮沸后加入掰碎的巧克力，不断搅拌，待其融化并出现光泽时就可以关火了。做好的巧克力馅要在室温下自然冷却。

⓯ 取一块杏仁可可饼，抹上步骤14做好的巧克力馅。

⓰ 盖上另一块杏仁可可饼，捏紧即可。

零失败的 recipe

★ 研磨细砂糖和杏仁粉的时间不要过长，否则会出油。

★ 过筛有时候会令人有些抓狂，但这样处理过的食材才会比较细腻，成品的质量也更高。当然了，如果偷懒的话也可以不过筛。

★ 在制作马卡龙的过程中，蛋白霜的打发、面糊的搅拌还有表面的结皮都需要一些经验才能操作好。前几次做出的成品容易不完美，但是要有信心，总结失败的教训，成功搞定这款著名的法式甜点自然不在话下！

★ 在烤制可可杏仁饼的时候要注意控温，烤好后必须立刻取出，防止余温将可可杏仁饼烤干。

紫薯老婆饼

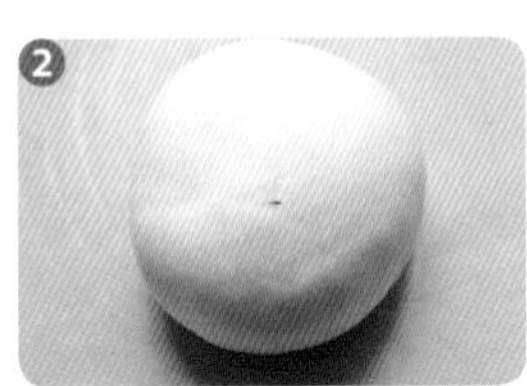

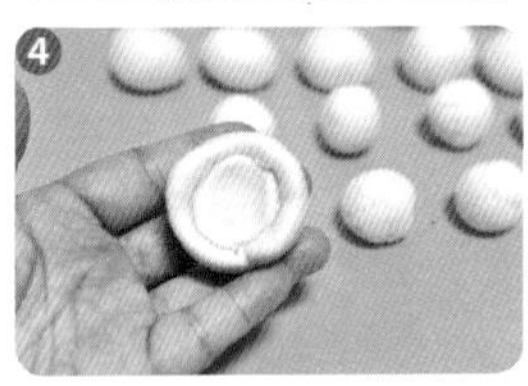

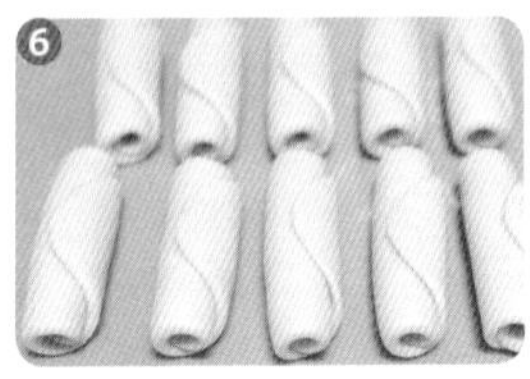

可爱的食材们

紫薯……………… 240克
白砂糖………… 30克
淡奶油………… 2勺
鸡蛋液………… 适量
白芝麻………… 适量

油皮食材

中筋面粉……… 250克
绵白糖………… 50克
猪油…………… 50克
水……………… 100克

油酥食材

中筋面粉……… 100克
猪油…………… 125克

跟我慢慢做

❶ 将紫薯蒸好，碾成泥，加入白砂糖和淡奶油搅拌成紫薯馅备用。

❷ 将油皮食材混合后加盖保鲜膜饧30分钟，揉成光滑的油皮面团。

❸ 将油酥食材混合在一起，揉成油酥面团备用。

❹ 将油皮面团平分成22克左右的小面团，油酥面团平分成11克左右的小团。再将油皮小面团捏成小饼，1个油皮小饼中裹入1个油酥小团。

❺ 将所有油酥小团分别包入油皮小饼后，将油皮小饼的收口朝上摆放。

❻ 取1个包好的面团，压扁擀成牛舌状，从下向上卷起。直至将所有面团卷好，收口向上，加盖保鲜膜，松弛10 ~ 15分钟。

❼ 待面卷松弛后，用手压扁，再次擀成长条薄片。

❽ 将长条薄片的两头向中间叠成3折，压扁擀成厚薄均匀的薄片。

❾ 将紫薯馅平分成20克1份的小球，用步骤8擀好的饼皮包裹紫薯馅。

❿ 将紫薯老婆饼的口收于底部，压扁呈饼状。

⓫ 用叉子在饼皮表面扎上小孔，放在铺好油纸的烤盘上，并刷上鸡蛋液。

⓬ 烤箱提前预热至180℃，将烤盘置于烤箱中层，烤制10分钟上色。10分钟后，将紫薯老婆饼从烤箱中取出，再次刷鸡蛋液，并撒上白芝麻。

⓭ 再次将紫薯老婆饼放入烤箱，烤制约10分钟即可。

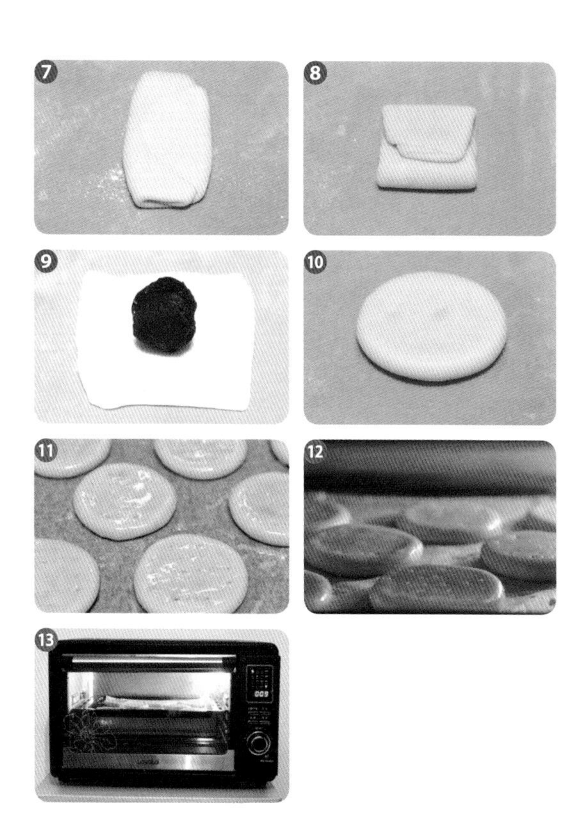

零失败的 recipe

★ 制作老婆饼时用的是小包酥的制作手法，一定要有耐心，面团一定要松弛，否则会露酥，而且擀面团的力度也要均匀。第一次操作时，可将量减半。

★ 注意制作手法．步骤6是卷，步骤8是叠，手法是不一样的。

★ 可以将紫薯馅换成其他自己喜欢的馅料。紫薯偏干，淡奶油的添加调节了馅料的口感，还可以增加馅料的奶香味，一举两得！

芒果果丹皮

可爱的食材们

芒果…………… 5个
细砂糖………… 2.5勺
柠檬汁………… 1小勺

跟我慢慢做

❶ 将芒果洗净，去皮、去核，取芒果肉备用。
❷ 用厨师机将芒果肉打成芒果泥，加入柠檬汁和细砂糖，继续搅拌。
❸ 将细腻的芒果泥倒在硅胶垫上，用刮板刮至平整。
❹ 将硅胶垫放入烤箱。烤箱调至90℃，低温烤制数小时至芒果泥表面不黏手，放置于通风处风干。
❺ 将风干后有韧性的芒果果丹皮卷起来。
❻ 将已经粘在一起的芒果果丹皮切段即可。

零失败的 recipe

★ 在低温烘烤芒果泥的过程中，将烤箱门留个缝隙，有利于水汽排出。
★ 整个烤制过程有些长，一定要有耐心，时常留心炉内的情况。
★ 喜欢有韧性的芒果果丹皮可以风干得久一些。

苹果脆片

可爱的食材们

苹果…………… 2个
柠檬…………… 0.5个
水……………… 适量

跟我慢慢做

❶ 将苹果和柠檬清洗干净备用。
❷ 将柠檬汁挤到水中。
❸ 将苹果切成薄片。
❹ 用裱花嘴的另一端去掉所有苹果片的芯。
❺ 将步骤4处理好的苹果片浸泡到柠檬水中。
❻ 将烤箱调至120℃，低温烘烤至苹果片变脆即可。

零失败的 recipe

★ 将苹果片浸泡到柠檬水中，可防止苹果氧化变色。
★ 苹果片要尽量切得薄些，这样可以缩短烤制时间。
★ 低温烘烤苹果片的时间比较长，需要1.5～2小时。在烤制过程中将烤箱门开个小缝，便于水汽蒸发。

椰蓉岩饼

可爱的食材们

低筋面粉……… 5克
椰蓉…………… 65克
细砂糖………… 40克
蛋清…………… 40克
黄油…………… 10克

跟我慢慢做

❶ 在蛋清中加入细砂糖、低筋面粉，搅拌均匀。
❷ 静置片刻后再次搅拌，让细砂糖尽可能完全融化。
❸ 在蛋清液中倒入椰蓉。
❹ 将黄油在室温下充分融化，放入蛋清液中，搅拌均匀后盖上保鲜膜，放入冰箱冷藏40分钟。
❺ 将椰蓉团分成10克1份的小球，手指蘸上水，捏成小金字塔状。将所有椰蓉团按照这个方法捏好，放入铺好油纸的烤盘中。
❻ 烤箱提前预热至170℃，将烤盘置于烤箱中层，烤制15～20分钟，待其上色即可。

零失败的 recipe

★ 将椰蓉岩饼烤得差不多的时候注意观察上色，别烤过头！
★ 将椰蓉岩饼捏成自己喜欢的形状就可以。注意大小要一致，以便能够均匀上色。

奶香水果玉米

可爱的食材们

水果玉米……… 1根
牛奶…………… 150毫升
黄油…………… 10克
盐……………… 少许

跟我慢慢做

❶ 将水果玉米去皮、去须，洗净备用。
❷ 将水果玉米切成小段。
❸ 将水果玉米放入方烤碗中，倒入牛奶，加入盐和切成小块的黄油。
❹ 用锡纸封住方烤碗。
❺ 烤箱提前预热至200℃，将方烤碗置于烤箱中层，烤制约20分钟即可。

❶

❷

❸

❹

❺

零失败的recipe

★ 选择玉米时，一定要选水果玉米，因其口味脆嫩、香甜，所以最适合与牛奶一起烹制。
★ 尽量使玉米全部浸入牛奶中，这样烤出来的口味才好。
★ 盐不必太多，加入少许提味即可。

鲜香猪肉脯

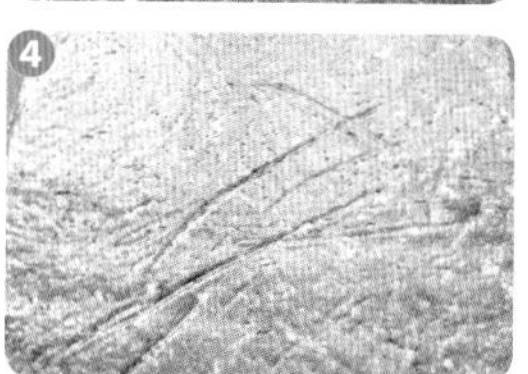

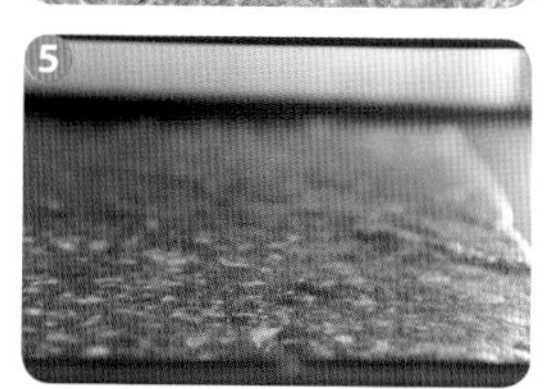

可爱的食材们

猪肉馅	400克	白砂糖	1勺
味极鲜	2勺	料酒	1勺
姜粉	0.5勺	盐	少许
蒜粉	0.5勺	蜂蜜水	适量
五香粉	0.75小勺	白芝麻	适量
鱼露	1勺		

跟我慢慢做

1. 将绞好的猪肉馅尽量再剁碎一些，备用。
2. 在猪肉馅中加入除蜂蜜水、白芝麻外的所有食材，并搅拌均匀。
3. 将猪肉馅装入食品密封袋，将空气排出后封口，用擀面杖将猪肉馅擀开摊平，使猪肉馅薄片的厚度基本一致。
4. 将密封袋沿四边剪开，去掉袋子后将擀成薄片的猪肉馅摊到硅胶模上。
5. 烤箱提前预热至200℃，将硅胶模放入烤箱中层，烤制约20分钟。
6. 到时间后，将猪肉脯析出的油脂倒出，在两面刷上蜂蜜水、撒上白芝麻，放入烤箱复烤10分钟，待其凉凉后切片即可。

零失败的recipe

★ 猪肉馅尽量擀得薄一些，烤制时要根据猪肉脯的厚薄调整烘烤时间，当颜色变得过深，就有可能快焦煳了。

★ 一般来说，外面卖的猪肉脯口味偏甜，自己做的就可以随心所欲地调味了！只是作为零食，一定不要加入过多的盐，以免过咸哦！

甘香烤栗子

可爱的食材们

板栗…………… 350克
细砂糖………… 30克
水……………… 20克
橄榄油………… 1勺

跟我慢慢做

1. 将准备好的板栗洗净后晾干，用小刀在板栗上划上口子。
2. 在锅中倒入橄榄油，再放入板栗，使橄榄油均匀地包裹住板栗。
3. 在烤盘中铺上锡纸，倒入板栗。
4. 烤箱提前预热至200℃，将烤盘放入烤箱中下层，烤制约25分钟。
5. 在锅中加入细砂糖和水，不必搅拌，待细砂糖融化即可。
6. 将板栗放到锅中，搅拌至糖水均匀地包裹住栗子。
7. 将栗子重新放入烤箱复烤5 ～ 8分钟即可。

零失败的recipe

★ 用刀子划板栗时，开口尽量大一些，这样容易入味，还好剥壳。但是在用小刀开口的时候，一定要注意保护手，不要划伤。

★ 糖水的甜度可以根据自己的口味来调节。

芝士焗紫薯

可爱的食材们

紫薯………………… 3小个
淡奶油…………… 2勺
细砂糖…………… 10克
黄油……………… 15克
芝士碎（片）…… 40克

跟我慢慢做

1. 将紫薯洗净备用。
2. 将紫薯一剖两半，放入蒸锅蒸熟。
3. 将蒸好的紫薯去皮，紫薯肉搅拌成泥。
4. 在紫薯泥中加入淡奶油、细砂糖和已融化的黄油，搅拌均匀后盛入烤盅，表面撒上芝士碎或盖上芝士片。
5. 烤箱提前预热至180℃，将烤盅放入烤箱，焗烤15 ~ 20分钟即可。

零失败的 recipe

★ 紫薯偏干，根据自己喜爱的口感调节淡奶油的量，以便让紫薯入口时更加软滑适口。

懒人小点 如意酥

可爱的食材们

千层酥皮………… 1张
豆沙馅…………… 3勺
鸡蛋液…………… 适量
白芝麻…………… 适量

跟我慢慢做

1. 千层酥皮在室温下解冻。
2. 将千层酥皮一分为二，分别擀成2毫米厚的正方形面皮。取其中一张面皮，均匀抹上豆沙馅。
3. 从上下两端分别向中间卷起。
4. 将卷好的如意酥切成均匀的小段，放入烤盘。
5. 在如意酥上刷好鸡蛋液，撒上白芝麻。
6. 烤箱提前预热至200℃，将烤盘置于烤箱中层，烤制15 ~ 20分钟即可。

零失败的 recipe

★ 千层酥皮的做法可参考本书“香草酥皮三文鱼”。不愿意自己做千层酥皮的话可用飞饼代替。飞饼在超市的速冻区有售。

★ 操作的时候不要等酥皮完全解冻，稍微变软即可，否则不好卷，也不好切段。

★ 烤制时注意观察上色，只要酥皮变得舒展、上色均匀就是快好了。

自制蓝莓果酱

可爱的食材们

蓝莓…………… 500克
白砂糖………… 240克
柠檬汁………… 1勺
面粉…………… 1勺

跟我慢慢做

❶ 在准备好的蓝莓中倒入清水，加入面粉，和匀后将蓝莓清洗干净，接着充分沥干蓝莓表皮的水分。

❷ 将蓝莓用勺子压破，加入柠檬汁。

❸ 倒入白砂糖，腌渍蓝莓。

❹ 腌渍到蓝莓出汁水，且白砂糖全部溶化。之后，将蓝莓连同汁水一起倒入烤盘。

❺ 烤箱提前预热至230℃，将烤盘置于中上层，烤制约60分钟，直至果酱变得浓厚即可。

零失败的 recipe

★ 制作蓝莓果酱的过程中，每次闻到微微的焦糖味，一定要将烤箱中的蓝莓搅拌均匀。要想做好果酱，一定要多次搅拌。

★ 烤箱完全可以胜任制作蓝莓果酱的工作，记得在烤制过程中，要将烤盘放到烤箱中上层，这样可以缩短加热的时间。

★ 制作果酱过程中可再次加入柠檬汁，以防止氧化，并改善口味。

★ 白砂糖的量可根据自己的口味进行增减。

香烤薯角

可爱的食材们

土豆（中等大小）… 2个
橄榄油……………… 1勺
辣椒粉……………… 适量
孜然粒……………… 适量
花椒粉……………… 适量
盐…………………… 适量

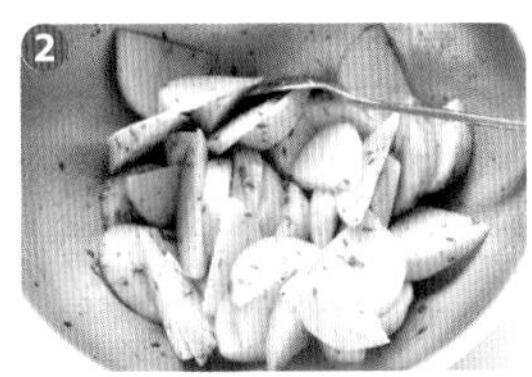

跟我慢慢做

❶ 洗净土豆的外皮。
❷ 将土豆尽量切成每块都带皮的薯角，加入盐、花椒粉、辣椒粉、孜然粒和橄榄油拌匀，腌渍片刻。
❸ 滤掉土豆上的多余汁水，放在铺好锡纸的烤盘上。
❹ 烤箱提前预热至200℃，将烤盘放入烤箱中层，烤制25 ～ 30分钟即可。

零失败的recipe

★ 香烤薯角是个不错的小食，而且用烤制的方法烹饪薯角也比用油炸制的健康，并可以根据自己的口味添加调味料。
★ 不放孜然粒和辣椒粉，放黑胡椒碎或各种香草，同样好吃。
★ 根据薯角的大小适当地调节烘烤的时间，当焦香味飘出，用叉子能够轻松扎透就代表大功告成了！

花朵国王派

可爱的食材们

千层酥皮………1张
黄油……………50克
糖粉……………50克
鸡蛋……………1枚
低筋面粉………10克
杏仁粉…………50克
鸡蛋液…………适量

跟我慢慢做

❶ 在黄油中加入45克糖粉，打发均匀。

❷ 将鸡蛋的蛋清与蛋黄分离。在黄油中分次加入蛋黄，搅打均匀。

❸ 加入低筋面粉和杏仁粉搅拌均匀即可。将做好的杏仁黄油放入冰箱进行冷藏。

❹ 将千层酥皮一分为二。

❺ 将2份千层酥皮各自擀成边长为20厘米左右的正方形。

❻ 将1份千层酥皮铺在底下，用直径约11厘米的圆形模具轻轻摁出圆形印记，并在印记中挤上杏仁黄油。圆形印记外侧刷上鸡蛋液，将另外1份千层酥皮覆盖在上方。

❼ 用直径约4厘米的圆形模具压出花边后去掉多余的酥皮。

❽ 将做好的派刷上鸡蛋液，并在派的正中间用刀子扎一个小洞，用直径约8厘米的圆形模具压出弧形痕，用刀子沿压痕划一遍。为了顺利排气，部分地方也可以用刀划透。在国王派的花瓣上也要用刀划上格纹。

❾ 烤箱提前预热至200℃，将国王派置于铺好油纸的烤盘之中，放入烤箱中层，烤制约20分钟后取出，均匀筛上糖粉。

❿ 再次将国王派放入烤箱，烤制约30分钟即可。

零失败的 recipe

★ 千层酥皮的做法可参考本书“香草酥皮三文鱼”。

★ 没有合适的圆形模具可用同等大小的碗或其他器具代替。

★ 国王派的纹路应尽量保证均匀，这样成品才美观。

★ 筛入糖粉复烤至表面呈焦糖色后，可以在国王派表面加盖锡纸保护。